Spiritual Culture
青心文化

在阅读中疗愈·在疗愈中成长

READING & HEALING & GROWING

扫码关注公众号,后台回复《孩子,你可以更勇敢》,
即可获得专业音频讲解,实现高效精读!

孩子，你可以更勇敢

如何面对校园霸凌

金韵蓉　著

中国青年出版社

带勾的刺

你们
　有时的话是一根刺，
　像玫瑰刺一样子尖。
　刺进了我的心中，
　但是我很快会拔出。
又有时
　你们的话是一根倒刺，
　像生锈了的金属钟针。
　不猙刺进了我的心里，
　我本可以马上拔出，
　但是倒刺勾住了我的肉，
　拔不出来了，
　我只能带这它度过我的一生。
　你们却从不反省一下，
　说一声对不起也行，
　哪怕是最不好的语气也可以……

李佳苗　四年级

丫丫 四年级

添添　四年级

<u>萱萱</u>　五年级

王凌歌　七年级

王凌真　四年级

高祯　四年级

孙纛钿　二年级

作者序

金韵蓉

坦率地说,"校园霸凌"不是个容易写的主题。原因是,它太让人心疼了!

而且心疼的对象,不仅仅只是受到欺凌的孩子,那些看似顽劣的霸凌施暴者和目睹事件的旁观者,也一样让人心疼!

作为心理治疗师,每次遇到个案前来求助和人际关系有关的困难时,我都会带着个案想象自己正在看一部电影或电视剧,剧中的人物和剧情,就是正困扰着自己的那些人物和事件。我请个案决定今天这场戏的主角是谁,然后想象自己正拿着一台摄像机,跟着这个主角拍摄。这是英语里说的"In someone's shoes",穿着某人的鞋,站在某人的角度或立场去看事情,也许看完后就能对整个情势有了更客观的认识。

回到校园霸凌。如果今天摄像机关注的主角是校园霸凌中的受害者，我们会痛心地看到一个可能在身体或心理上原本就相对弱势的孩子，被恶劣的同学或同学们挑选为欺凌的对象。我们看见他如何被恶意地排挤孤立、如何被刻薄的流言"凌迟"、如何被一步一步地推向身心俱创的危险边缘。而其间更让人心疼的是，也许这个孤独的孩子曾经发出求救的信号，但是却被更关注学习成绩的老师和不懂得接收信号的家长忽略，最后，只能在孤立无援中痛苦地承受，甚至造成无法挽回的悲剧。

但如果今天摄像机镜头关注的主角是校园霸凌中的施暴者，或施暴团体的带头者，我们可能又会有不同的发现。我们可能看见那个在校园里、同学间耀武扬威、无所畏惧的小霸王，回到家后，面对的是一个力量比他更强大的家暴者，从小他就在家暴的环境中长大，承受着心理创伤和皮肉之苦；我们也有可能看见这个貌似什么都不在乎的施暴者，生活在被人嘲笑的"底层"社会，而这里所谓的底层，不一定是实质意义上的底层，也可能是精神意义上的底层。

又如果，今天摄像机镜头关注的主角是校园霸凌事件中的旁观者或跟随者，我们会看见他在"形势比人强"的压力下做出艰难的选择，这个选择也许出于自保，让其在目睹霸凌时噤声不语，但却一直受到良心的谴责；这个选择也许出于正义，但却在出手干预后自己成为下一个霸凌的受害者；这个选择也许出于自己曾经就受到过霸凌的伤害，所以干脆加入霸凌团体成为其中一员，一方面为了躲避伤害，另一方面也为了转移情绪，纾解心中的愤恨。

所以，不管今天摄像机镜头对准了霸凌事件中的哪一个角色，都让人心痛，也都让人同情，而且他们也都是需要被成年人帮助的孩子。因此，我决定提笔写这本书，探讨我们能为这些正在求援的孩子们做些什么。

面对校园霸凌事件，学校和老师，当然是拥有最重要和最权威的处置力量的人。我们既能在欺凌初露端倪时，就把它扼杀在摇篮里；也能在霸凌事件发生的当下，强势介入阻止；或在霸凌行为已经发生后，对双方进行心理疏导、干预和惩治。但学校和老师重要的功能和责任，不仅仅只是消极地对伤害的善后，而应该还要积极地对伤害进行预防。这一点，我相信不但是家长的托付，也是身为教师的天职。

当然，现今的社会形态与以往已大不相同。无处不在的电子产品，无远弗届的社交空间，压力山大的成功窄门，五花八门的各种诱惑，以及相对脆弱的家庭关系，让老师面对学生时，越来越具有挑战性；而面对自己的生活时，也越来越让人心力交瘁。

所以，当我们讨论如何阻止校园霸凌这个议题时，绝对不能把责任只往学校和老师的身上推。事实上，作为一个长期处理青少年问题的专业人士，我看见的，还有身为家长所不能回避的责任。因为，从刚才"看电影"的描述中来看，我们都明白了"成长环境""亲子沟通""支持系统"在校园霸凌中所担负的角色的重要性。

所以，同时兼具母亲、专业人士以及老师身份的我，把这本书均分为"老师"和"家长"两个板块，就是因为不管从教育孩子的哪一个层面来说，老师和家长，既需要携手合作，也在所担负责任的重要性上，等量齐观。

最后，我想附上一张孩子写给我的信。萱同学，是个11岁的小学五年级学生，在学校里是班委成员、三好学生，擅长钢琴和绘画、英语非常流利、学习成绩也名列前茅。但是，即使优秀如她，在回答我是否担心校园霸凌时，也能写出让人动容的心声。

我把这封信附录于此（见下页），就是想提醒家长和老师们对这个议题的关注，并请弯下腰来，倾听孩子的声音。

To 亲爱的金姥姥

您好，

我是萱萱，（回答较长，请不亦快哉）

校园霸凌现已成为了全国普遍，想要避免，就要找出问题所在。现在霸凌者越来越妄为，那些被霸凌者怕的到底是什么？

① 怕被父母知道，所以逃避，可能会有一段时间疏离父母。

② 怕还手会被打回去（或骂回去）心里有苦说不出。（矛盾的心情）

③ 怕因此而影响学习成绩，或……（见下图）

我现在怕他们 → 他们欺负我就不会把心思全放在学习上。→ 我就会和他们一样

总的来说就这三大点，接下来说这些情况后可能有的表现。

① 不爱说话，平淡、不爱与人交往。

② 学习成绩忽高忽低，家里乱。

③ 睡眠时间长，因为没有安全感。

以上是我的理解，希望得到认可。

萱同学

目录

作者序 / 001

开篇　王晶晶的故事

一　霸凌？或闹着玩儿？ / 007
　　008　被定义为霸凌的要件
　　009　霸凌最容易发生的时间和地点
　　010　霸凌的种类
　　023　霸凌是全球性问题

二　为什么霸凌？ / 025
　　025　波波娃娃实验
　　028　霸凌事件中的不同角色

040　事件中的每一个角色，都是受害者！

045　让打闹升级为暴力的"同伴压力"：这样才够义气！

051　如果你曾经被霸凌过

054　如果你曾经霸凌过别人

写给老师

059　阻止校园霸凌，老师的功能是最重要和最强大的

061　预防霸凌，老师能做的 10 件事

089　与家长携手合作，增加家长对霸凌的敏锐度和正确反应

092　轻声地提醒您！老师也有可能成为霸凌的施暴者！

写给父母

一　**成为孩子愿意说真话和可以投靠的人** /102

　　103　建立家人坦诚沟通的氛围

　　110　倾听孩子的意见

119 一起找到最好的解决方法

123 被霸凌不是孩子的错!

二 **如何预防孩子成为被霸凌的对象 /128**

129 永远不要对孩子失望

135 帮助孩子学会交朋友

149 从孩子需要"被修正"的人际交往模式中制定训练的方案

168 培养孩子拥有强健的体能、灵活的反应以及肢体动作

174 教给孩子正确的应对方式

178 家长得知真相后的处理方式非常重要

开篇

王晶晶的故事

王晶晶,是一个曾经饱受校园霸凌摧残的年轻女孩的化名,在参加一档网络谈话节目时,她勇敢地将自己的遭遇披露在众人面前。她说,我揭露自己不忍目睹的伤疤的原因,是希望唤起社会的重视。虽然很痛,也回不去曾经的自己,但值得!

根据节目编辑的文字记录:王晶晶即使在访谈节目中看起来和别的女孩并无不同,但却在采访中一再表示:

"我完全不能相信任何人了。"

"在来录制这个节目之前,我甚至都怀疑是讨厌我的人把我骗到这里的。"

"学业被毁、性格大变、重度抑郁,我却不知道该恨谁。"

原来,从高一开始,她就莫名其妙地成为一场校园霸凌的受害者。只是当时的她没有想到,这场霸凌会持续十年之久,而且伤害的力度会如此之大。

最初霸凌只是从一个被某位同学无意间称为"300万水杯"开始的。

当时,班上两位男同学不知为了什么动手打了起来,扭打的过程中不小心撞掉了她放在桌上的杯子,杯子碎了。同桌同学一句无心的玩笑话:"王晶晶的杯子值300万哦!"没想到第二天就在学校的社群空间出现了"王晶晶自称杯子价值300万,向同学索赔!!!"的帖子。让她不得其解的是,这则帖子随后引发出了一堆更大的恶意嘲讽,许多跟帖说:"她每天穿10块钱的地摊货,怎么可能买得起300万的水杯?""据我知道,她家好像很穷吧!""唉!丑人多作怪"……

自尊心极强的王晶晶看到了这些帖子,完全听不进几个要好同学的劝说:"不要理他们,你不看不听就好了。"为了捍卫自己的尊严,她不断地在贴吧上怒怼每一条帖子,可结果却愈演愈烈,激起了更大、更恶毒的怒气。

例如,有人造谣说,王晶晶喜欢那个打碎她杯子的男生,她生气地反驳:"我怎么会喜欢他,我又不缺男朋友。"结果这句话被恶意地曲解成了"王晶晶自称有很多个男朋友"。

有人嘲笑她长得像凤姐,她反驳道:"我小学就整过牙,做过矫形,只是反弹了。"而这句话又被断章取义地演绎成"王晶晶自称小学就整过容"。

于是,最后她被塑造成了一个"小学就整过容、穷但是又喜欢炫富、私生活不检点男友无数"的"神女",成了全校同学嘲笑的"公敌"、人人得而诛之的"坏女孩"。

其间,有人表现出善意要来和她做朋友,但最后却发现她的目的是"直播'神女'的生活"以供同学们课后的窥伺谈资;有人在放学路上拦住她,不由分说地掌掴了她十几下,王晶晶抓住她的手时,那位同学大叫:"'神女'打人了,快来看啊!"王晶晶不得不放手,于是又被打了十几下;有人以追求者的姿态接近她,获得了她的信任，拿到了她的私密照，随后这张照片在网上被疯狂转发，谣言甚至升级成了"她在某地当性工作者"。接着，随之而来的是无休止的"荡妇"羞辱……后来，她回忆道，一个人欺负我，我可能会一笑了之。可那是一万个人啊！

绝望到极点的王晶晶，曾一口气吞下自己的40片抗抑郁药，还开过一次煤气试图自杀。可是在被抢救回来后，网络上的声音却是："她都自杀好几次了还不死，这作秀也太老套了吧！"

终于，高三上半学期，重度抑郁的王晶晶选择了退学。省一级重点高中、年级前五的好成绩、可预期的灿烂未来……她都不要了，但恶意却一路不散，紧紧跟随，甚至在她结婚怀孕、上母婴论坛时，还有人在论坛上散播她曾经的"神女事迹"。

2018年，王晶晶一纸诉状把当年带头施暴的社群管理员蒋某告上法庭。通过走访，她才发现蒋某与自己既不同班，也不同年级，在学校里完全没有任何交集，而且家境清寒，父母都是淳朴的农民。蒋某被告发后，年迈的老父老母不相信自己"老实内向"的儿子会做出这种事,但是在集体施暴的同学们眼中,他却是一个率领众人"揭发神女"的"英雄"。

最后,王晶晶胜诉了。但回不去的青春岁月、可能辉煌的人生轨迹,以及看待自己和周遭世界的眼光,已然被改变……

一

霸凌？
或闹着玩儿？

校园霸凌一直长期存在于校园中，这些发生在同伴间的欺压行为有肢体霸凌、言语霸凌、关系霸凌和网络霸凌4种，例如，肢体或言语的攻击、人际互动中的抗拒和排挤、类似性骚扰般地谈论对别人的性征或对身体部位的嘲讽、评论或讥笑等，这些行为很容易被成年人认为是小孩子不懂事闹着玩儿而忽略。

根据百科词典，霸凌（Bully）是一种有意图或无意图、单纯习惯性的攻击性行为，通常会发生在生理力量、社交力量等不对称的学生之间。在学术界较常被接受的霸凌定义是挪威学者丹·奥维斯的解释："一个学生长时间并重复地暴露于一个或多个学生主导的负面行为之下。"

因此，区分霸凌和同学之间闹着玩儿的不同，需要包含以下一些可以被定义为霸凌的要件。

被定义为霸凌的要件

（1）并非为偶发事件，而是指长期性，且多次发生的事件。通常被霸凌的学生，会重复受到伤害，并不止一次地被欺负。

（2）霸凌会以多种形式存在。如：暴力霸凌（身体上的欺凌行为）；言语霸凌（辱骂、嘲弄、恶意中伤）；社交霸凌（团体排挤、人际关系对立、孤立）；网络霸凌（以手机、电子邮件、社群空间、贴吧等媒介散播谣言、中伤等攻击行为）。

（3）霸凌者与受害者之间力量不对等。例如霸凌者会利用自己身体更强壮、经济条件更优越、外形更出色、掌握了让对方尴尬或羞辱的把柄，或是利用自己受欢迎的程度去控制或伤害对方。

（4）霸凌者挑选的施暴对象可能随机且毫无理由。

霸凌最容易发生的时间和地点

校园霸凌在许多种情况下都有可能发生，但主要是发生在老师无法注意到每一位学生的时候：

（1）上下学途中；

（2）午休时间和课间休息时间；

（3）体育课时间；

（4）放学后；

（5）在厕所中；

（6）有些学校有校车，有时在校车上也会发生；

（7）有些学生报告指出，有时在课堂上也会发生霸凌事件，尤其是当老师的注意力放在大部分的学生上，而忽略小部分的学生时发生。

坦率地说，除了因校园内各种有可能发生的嫉妒，例如，学习好、有才华、长得漂亮、发育好等而遭到言语霸凌、网络霸凌或人际霸凌之外，那些在校园里很不幸地被挑选为肢体霸凌对象的孩子，大体都有一些共同的性格特征，这些特征有的是与生俱来的，有的则是环境因素所造成的，例如，刚换了一所新学校，某一位挚爱的家人刚去世，有学习障碍，父母离异，等等。

霸凌的种类

近年来的一些调查研究发现，城市中小学霸凌发生率普遍超过 20%，而过去十多年因农村地区中小学布局调整所产生的大量农村寄宿制学校里，校园霸凌发生率更是高达 31.5%。另外，同样的调查研究发现，人们对霸凌的认知也是模糊不清的。人们普遍认同"拳打脚踢"之类的肢体暴力行为才属于霸凌，但接近半数的人却并不觉得"散布和扩散谣言""讽刺挖苦"也属于校园霸凌的范畴。

但是，事实上我们都知道，即使没有肢体上的伤害，对身心都还没有完全发育成熟的孩子来说，言语的讥讽或恐吓、被团体孤立排挤、在社群网络上散布的谣言，对身心的伤害是一样严重和不堪负荷的。所以，学校老师和家长们都需要有对具有相同的本质但以不同形式表现的霸凌行为清楚的了解，和霸凌最初发生时就能觉察并立即干预的能力。

言语霸凌

用很难听或残酷的语言来进行的霸凌。包括：

取很羞辱人的外号。例如，叫女孩肥猪、月饼、大象等这些和身体特质有关的外号；叫男孩娘娘腔、小baby、侏儒等和性格特质有关的外号。令被霸凌者在同学面前很自卑，抬不起头来。

不断地用言语威胁。例如，在教室里眼神斜瞄着受害者，然后故意对其他同学大声地说：有人今天要倒霉了，看看他待会儿上体育课的时候会发生什么事；我劝你最好别去上厕所，否则就等着尿裤子回教室吧；你如果不给我你的作业本，就等着后悔吧……这些言语的威胁让被霸凌的学生一直处在恐惧当中。

羞辱被霸凌者的家人。例如，我知道你为什么那么胖了，原来你妈就这么胖；昨天我爸回家说，你爸昨天在单位可丢人了；听说你姐有个外号×××；听说你爷爷奶奶也跟你们一起挤在就40平米的房子里……这些侮辱家人的语言让被霸凌者因为自己的出身或身体缺陷而自惭形秽，但又因为无力自卫和捍卫家人而挫败不已。

李华从小学六年级开始突然体重增加得很快，而且增加的部位集中在她的臀部，妈妈觉得不太对劲，带着她到医院的妇科门诊挂号做检查。医生开单子验了血常规，几天后验血报告出来了，医生说李华和妈妈一样，有荷尔蒙失调的问题。这是妈妈家的家族遗传，因为姥姥和李华的小姨也是这样的体型，于是医生让李华开始吃调节荷尔蒙的药。

李华上了初一以后，臀部增大的尺寸还是无法得到有效的控制，她特别羡慕女同学们纤细的身材，却又怕这些陌生的同学们发现她身材的问题，于是她坚决让妈妈帮她登记购买大一号的校服，而且天气再热也一样披着又宽又大的校服外套，结果，她怪异的举止引起了班上一个女同学的注意。有一天，她趁李华专心地写作业时，故意把李华挂在椅背上的外套藏了起来。下课时，李华着急地到处找外套，却听见教室另一边传来了一阵爆笑，她抬头看见那位女同学高高地举着她的外套，另外还有好几个同学正笑得乐不可支。

李华当时顾不上去拿回外套，而是满脸通红地冲出了教室，她以为那位同学只是一时兴起开她的玩笑，第二天就会把外套挂回她的椅背上。可是没有想到，第二天早上当她走进教室时，却看见那件外套像稻草人穿的衣服一样，被挂在两把像十字架一样被绑在一起的扫帚上。她硬着头皮在同学们的爆笑声中把外套从扫帚上拿下来，但从此之后，尽管热得全身湿透，她也坚持不把外套脱下来。

也许命运真的是要磨砺李华的心智。那次事件后接下来的周二下午，李华妈妈如常到学校来开家长会，为了给李华争面子，妈妈还特意打扮了一下，穿了条好看的裙子和高跟鞋，但是再怎么修饰还是暴露了和李华一样的身材"缺陷"。

周三早上李华还没有走进教室，就看见几个比较和善的同学快步离开了教室，跟她在走廊上擦身而过时还投来了同情的眼光。走进教室，李华看见了一幅用四张海报纸拼在一起贴在教室正后方墙上的巨幅漫画，漫画中两个滑稽地摇晃着巨臀的女主角一看就是妈妈和自己的背影，海报上的旁白写着"OMG！"和"真相大白！！！"

李华像疯了一样冲到教室后面，一把撕下了漫画，转身就出拳打了那个带头的女孩。当气急败坏的老师把她和那位同学分开来后，所有还留在教室后面的同学都一面倒地指控说是她先动的手。

再后来，李华加入了校外一个类似帮派的团体，在好几次上下学时带着帮派"朋友"打了那几个欺负她的同学。最后，她因为旷课太多被学校勒令退学，虽然因为年纪太小没有受到管训惩戒，但她稚嫩眼睛里的恨意和失去的黄金岁月，却不知道得用多少的时间才能抚平和追回……

像李华这样从受害者转变为施暴者的例子很多。许多学生在屡屡受到伤害又不知道该怎么去解决后，发现依附或加入暴力阵营是最快速的"脱困"之道。于是转过头来跟着施暴者一起寻找比自己更弱的同学欺凌，或者是寻求比对自己施暴的同学更强悍有力的人来撑腰。

所以在许多调查案例中发现，加入帮派的年轻人有相当一部分是曾经校园霸凌的受害者。

肢体霸凌

这是最危险的霸凌行为，也比其他三种霸凌形式更能得到老师和家长的认真处理。肢体霸凌之所以更危险，原因是它对正处在身心发育期的孩子不仅会造成心理的伤害，还有可能造成挽救不了的身体创伤。

通常，肢体霸凌是由其他几种形式的霸凌逐渐升级的。当霸凌的施暴者发现被欺凌的对象无力反击自己的言语伤害，并表现出如自己所预期的那种恐惧害怕的样子时，施暴者的胆子就会越来越大，能使他满足的兴奋点也会越来越高。再加上很多时候施暴者自身的心理问题，例如，常年被家暴或目睹家暴，就可能会把自己想象成家暴中的施暴者，而那个被他欺凌的孩子就是"自己"。所以当他看见"镜中的自己"恐惧害怕的可怜模样时，就会非常地挫折和生气，于是就用越来越残忍的手段来惩罚这个为什么不敢还击、没有用的"镜中的自己"。

很多孩子发生这种情况时不敢告诉老师和父母，所以师长们要注意孩子身上可能出现的警告信号，例如，假借各种理由的擦伤、割伤、瘀伤；衣服破了或丢了；常说自己头疼和胃疼；精神恍惚；央求父母允许他转学；等等。

另外，由于校园肢体霸凌常常聚众施暴，有些情况下也会有很多围观的同学，让长期被肢体霸凌的受害孩子的身心都处在羞耻和恐惧的极端情绪状态中。如果再加上学习成绩一落千丈、受到父母的责骂，很容易就会产生自残或轻生的念头。

人际关系霸凌

这种情况大多发生在女学生之间，是最容易被老师和家长忽略的霸凌行为。人际关系霸凌最初很可能只是因为嫉妒、竞争、优越感而引起的单纯讨厌，但是随着霸凌者食髓知味或旁观者的鼓噪，让两位同学之间单纯的情绪问题，上升到足以威胁被霸凌者的身心健康。

李欣和高薇在小学四年级之前一直都是好朋友，两个人功课都很好，也都是从4岁开始学钢琴、学英语、学画画。三年级的暑假，李欣妈妈和高薇妈妈还常常带着她们一起去图书馆、吃意大利面、看电影。李欣甚至还在高薇生日那天在她家住过一晚。

两人之间友情的变调起因于五年级下学期一次校内的竞选活动。李欣那次从班级选拔和年级选拔中脱颖而出，得到更多同学的支持，当选了学校代表，和全市其他学校的代表一起，参加为期三天的市政府议政会，其中一天还在市政府会上和市长圆桌讨论教育改革的问题。高薇当然也参与了这次竞选，但却以相差不多的票数输给了李欣。

李欣从参加圆桌会议的兴奋中回到了学校，却发现高薇的表情和行为变得怪怪的。第一堂课下课时，高薇并没有像往常一样靠过来和她聊天，反而故意很开心、也很大声地和几位同学挤在一块儿聊追星的事，还把李欣早上送给她的圆桌会议纪念品故意丢在地上。李欣当时虽然有点难过，但也不以为意，就转身和另外几个同学一起说话了。

结果高薇似乎要把这场"战役"进行到底。她开始用各种方法笼络班上的同学，不管是男生还是女生都时不时地收到她的小礼物，有一次还是她爸从瑞士出差带回来的精美巧克力糖。李欣开始发现自己被排挤、孤立，也发现常常会有同学在她身后发出一阵爆笑声。后来她才知道同学们中间正口耳相传一个八卦，说她暗恋六年级一个家里很有钱的男生，结果被那个男生当场拒绝，那个男生的妈妈还到学校来警告她，要她掂量掂量自己的分量。

这个像黄金档电视剧剧情的八卦当然是个谣言，但在被唯恐天下不乱的同学们兴奋地转述后，变得越来越真实。很多同学甚至相信李欣之所以被选上校代表，是因为"她妈妈拿着好几大包礼物，放学后偷偷地送给校长和老师"的缘故。这些谣言让原来还对李欣蛮友善的几个同学也开始渐渐地疏远她，有的甚至加入高薇日渐壮大的阵营里，有的干脆置身事外。

升六年级的暑假是压垮李欣的最后一根稻草。从暑假一开始，社群里就有各种流言蜚语出现。先是好几位学习也很好的同学，同一时间在社群空间里贴出在高薇家开心聚会、一起去听演唱会、一起吃冰激凌的各种照片，接着是有人开第一枪故意问："'那个人'现在在干吗？"然后就是各种讥讽的跟帖，"在老师家洗厕所吧！""失恋了躲在被子里哭吧！""异想天开以为谁谁谁会娶她吧！"……这些幼稚的跟帖在幼稚的小六生的眼里，又刺激又兴奋又减压，于是每天早上7点，一则"'那个人'现在在干吗？"会雷打不动地出现在社群空间里，然后，接下来的一个小时就是这些半大不小的孩子们各种天马行空、恶意想象、发泄压力的跟帖。

开学前一个星期，身心受到严重创伤的李欣坚决不再回到学校上课，也终于和爸妈说了被霸凌的真实情况。全家认真思考后想不出可以阻止几乎全班同学都参与的霸凌行为，另外看见宝贝女儿已经遍体鳞伤，就更不敢让她再继续被伤害，以免造成追悔莫及的后果。于是爸妈到学校去说明了原因，申请让李欣在家自学，并让她跨区报考每天路上需要花一个小时车程的私立中学，以免升上初中后又碰到班上的同学……

网络霸凌

随着互联网的兴起和许多课业都需要在电脑上完成，网络霸凌变成现今突然兴起的霸凌方式，这是最不容易被老师和家长们察觉，但也是施暴者们最容易进行的霸凌行为。而且它的影响范围很大，不会被空间局限，也不会被时间局限，因为一经转发，就永远留在了那里。网络霸凌的带头者一般很难找到，任何人只要随意但故意在社群空间里写一段文字，不管它是不是真的，就都可能激起一圈又一圈的涟漪，而且转发的次数多了，即使是谣言都变得仿佛十分可信。

以下数字是联合国儿童基金会与联合国秘书长暴力侵害儿童问题小组对网络霸凌的调查所给出的报告：

- 42%的孩子每天上网。其中有1/4的孩子被网络霸凌过；有1/4的孩子被霸凌过不止一次。
- 21%的孩子收到过刻薄或有威胁文字的电子邮件或其他信息。
- 58%的孩子们没有告诉他们的父母被网络霸凌。
- 14%的孩子在网上收到刻薄或伤人的评论。

- 13%的孩子一直是网上谣言的话题。
- 7%的孩子在网上被人冒充盗用账号。
- 8%的孩子报告收到带有威胁的手机短信。
- 5%的孩子带头张贴了一张刻薄或伤人的照片。
- 25.8%的女孩比16%的男孩更容易受到网络欺凌。

女孩更容易散布谣言,而男孩更可能发布伤人的照片或视频。

我们在前面的案例中提到的王晶晶和李欣,也都是网络霸凌的受害者,许多名人也是如此。2015年春天,在和美国总统克林顿绯闻事件发生的17年后,莫尼卡·莱温斯基,以"羞辱的代价"为主题,在TED大会上发表了一场20多分钟的演讲。演讲中她讲述事件发生后自己如何被网络暴民霸凌,如何因声名狼藉而几乎在全世界都找不到和自己专业对口的工作,以及她最后如何自救,从重度抑郁症的身心破碎中走出来的经验。她说,当时在那些排山倒海而来的谩骂和羞辱中,几乎有99%以上的人都不认识她,但却都认为自己有资格来教训她。

莱温斯基说，这些在网络上霸凌我的人，只知道我犯了一个大错，但却不知道我从小如何牺牲玩乐的时间努力学习，如何以优秀的成绩考上大学，如何在毕业后争取到进入白宫实习的机会。这些人不由分说地在我的额头贴上了难听的标签，但问题是，因为贴标签的人太多，最后连我自己都相信它是真的了。

这就是网络霸凌的事实：你可以很隐秘和安全地躲在电脑后面，用键盘当作伤人的武器，既不用负任何责任，也不用担心这个行为会给自己带来什么反击和危险。你可以把一个根本不认识的人当成泄愤的对象，一股脑儿地把平常不敢说的话都通过键盘敲打出来，也把所有生活中因挫败而产生的负面情绪全都倾倒在他人的身上。而且更"棒"的是，你可以隐匿并混迹在一群人中间，不管事实的真相如何，只要跟着带头的人高声喊打就行了。

我们从许多娱乐新闻中已经看到那些网络暴民是如何摧毁一个有才华的年轻人原本光明的前途，最后甚至令其痛苦地从严重的抑郁到放弃自己的生命。这些看起来跟我们普通人没有什么关系的明星新闻，其实却每天都发生在不同的校园中，只是这些在网络霸凌深渊中苦苦挣扎的孩子，不知道该怎么从深井中脱困，也不知道谁能丢给他足够强韧的绳索，好让他抓住并慢慢地爬上来。

霸凌是全球性问题

霸凌没有疆界，是需要全球教育工作者和家长们共同努力去解决的问题。

根据联合国2019年9月4日的报道，联合国儿童基金会与联合国秘书长暴力侵害儿童问题特别代表4日联合发布的一项调查显示，大约1/3的年轻人曾遭遇网络霸凌，1/5的年轻人曾为躲避网络霸凌和暴力而选择逃学。

联合国秘书长暴力侵害儿童问题特别代表在其官网上说，网络霸凌涉及发布或发送意图骚扰、威胁或攻击他人的电子信息，包括图片或视频等。网络霸凌的媒介一般为各种社交平台，包括网络聊天室、博客和即时消息等。

这项调查采访了分布在全球30个国家和地区、年龄介于13~24岁之间的逾17万名年轻人，调查的结果挑战了校园网络霸凌是高收入国家独有现象的观念。来自撒哈拉以南非洲的受访者中，竟然也有约34%的学生表示自己曾是网络霸凌的受害者。

联合国儿基会执行主任亨利埃塔·福尔在一份新闻公报中说，不幸的是，校园霸凌也跟着到放学后。要解决和改善这个问题，必须要将"线上和线下"环境都纳入考虑。

《中国校园欺凌调查报告》则指出，语言欺凌是校园欺凌的主要形式。按照校园欺凌的方式进行分类，语言欺凌行为发生率明显高于人际关系、身体以及网络欺凌行为，占23.3%。该报告还显示：绝大多数欺凌者也是被欺凌者；关系欺凌的长期性、反复性特点明显；隐瞒校园欺凌事实成为被欺凌学生的"第一选择"；校园欺凌主要来源于同班同学；男生是欺凌行为的主要参与者。

二
为什么霸凌？

波波娃娃实验

行为心理学上有一个非常著名、影响也非常深远的实验——波波娃娃（Bobo doll）实验。

这个实验证明了儿童可以通过观察来学习攻击行为。这项研究是由"社会学习理论"的创始人、斯坦福大学心理学系教授阿尔伯特·班杜拉和他的助手多萝西娅·罗斯以及希拉·罗斯，于1961年在美国斯坦福大学完成的。

社会学习理论认为：学习是人格发展的主要因素，而且这种学习是发生在与他人的互动中，例如，在儿童成长过程中,父母、老师这些对孩子来说非常重要的人物,会在和他们的互动中强化某一些行为,并忽视或惩罚其他的行为。班杜拉认为,除了对某个行为直接的鼓励或惩罚之外,行为的塑造还有另一种重要的方式,那就是可以通过简单的观察、模仿其他人的行为而形成。

班杜拉的波波娃娃实验,证明了儿童是可以通过观察来学习并产生暴力攻击行为的。实验中,研究人员将3~6岁的孩子分成对照组和实验组,对照组的孩子不接触任何暴力行为,只是看见几个大人正在房间里很安静地玩玩具。实验组的孩子则会去到另一个房间,房间里有一个1.5米高的充气波波娃娃,然后几个研究人员乔装的大人,正在一面叫喊谩骂着,一面用大木槌用力地敲打那个充气波波娃娃。

大约10分钟之后,研究人员把他们都带到另一间放着各式各样孩子们喜欢的玩具的活动室,但是研究人员为了激起这些孩子的挫折感,告诉他们,这些好玩的玩具都是其他小朋友的,所以他们都不能玩。

之后,研究人员又把孩子们带到第三间活动室,活动室里也有几个零零星星但不是那么吸引人的玩具,其中还包括一个一模一样的波波娃娃。结果正如实验所预期的：实验组的孩子，也就是曾经目睹过暴力行为的孩子，展现出了更强的攻击性，他们会和那些大人一样拳打脚踢地攻击波波娃娃；而对照组的孩子，也就是没有目睹暴力行为的孩子，几乎没有任何具有攻击性的反应。

由此班杜拉认为，当成年人在孩子面前施暴的时候，会让孩子误认为，暴力行为是被允许的，从而模仿大人的行为并认同暴力的合理性。班杜拉认为，看到他人的暴力行为会降低我们在类似情境中对自己暴力行为的抑制，而且对暴力行为的情绪也会变得迟钝或不敏感，不关心他人的感受与痛苦。所以，对高等动物的人类来说，本能性的暴力动机虽然是由大脑所控制，但更易受到后天经验的影响。

因此，在暴力环境下成长的孩子，一般会认为强者不应该同情弱者，暴力是解决问题的最佳手段，只有自身的强大才会让自己有安全感。但是当这些孩子遇到比自己更强大的人时，他们会陷入焦虑，他们会回想起自己曾经被霸凌的悲惨经历，这种扭曲的心态会令他们痛苦难安。

霸凌事件中的不同角色

卷入霸凌事件的人，分别扮演着不同的角色，但每个人都深受其害。

霸凌实施者

霸凌实施者是会以冷酷的情感和行为施暴于人的孩子，绝大多数都有一些共同的原因。

（1）家庭教养方式是导致孩子成为霸凌施暴者的首要原因

根据全世界教育机构的统计，从小被父母严酷体罚、甚至长期遭受养育者精神或身体虐待的孩子；目睹父母之间用暴力行为来解决分歧的孩子；社会成就低落的孩子，例如家庭因某些原因而被社区排挤孤立；以及家长本身就是人际关系中的霸凌者的孩子等；这些都是养成孩子容易在家庭以外的地方展现出暴力和侵略性行为的诱因，原因我们不难理解。

我们先来看在成长过程中，本身就受到了很多冷酷的虐待和家暴的孩子。

对一个还没有能力养活自己和保护自己的幼儿来说，"信任他的养育者"是他唯一能做的事。养育者的爱和温暖呵护，形塑了他对自己的价值认知（我值不值得被爱），也形塑了他和世界之间的关系（我能不能信任他人），我们希望孩子拥有的自信、自尊和健康的价值观，就是在这个时期养成的。如果，原本应该被养育者保护照顾的幼儿，却无故和长期地受到身心的暴力对待，那么孩子的价值体系和信任体系自然会完全崩塌，而这种被养育者"背叛和遗弃"的恐惧，最后不仅隐藏在孩子的潜意识里，还会随着成长，在终于有能力捍卫自己的时候，转换为怒火。

这装在荷尔蒙上蹿下跳的年轻身体里的怒火，像一个要爆炸开来的手榴弹，随时都在寻找可以帮他们拔掉引信的泄愤对象。可是，因为深藏在潜意识里的恐惧，让他们对自己的评价太低，所以只能寻找比自己更为不堪一击的受害者来发泄。这就是为什么霸凌事件中的带头施暴者常常会聚众施暴的原因，因为在他们趾高气扬或孔武有力的外表下,其实藏着一颗受伤而害怕得不得了的心。

另外,从小被家暴的孩子,通常会借着讨好对他施暴的家长来逃避下一次的毒打,有时也会启动自我防御机制,用崇拜来合理化和压抑自己被毒打的痛苦。于是,在这种双重的应激反应和心理驱使下,会开始模仿施暴者的暴力行为,以为自己和毒打他的人一样,拥有无穷的力量,以此来显示自己的权威和高人一等。

接下来我们再看看第二种,从小目睹父母之间用暴力行为来解决分歧的孩子。

即使没有受到身体的伤害和虐待,目睹父母之间的暴力行为也是一种精神上的虐待。我们都知道,幼儿的安全感主要来自温暖和谐的家庭氛围,以及父母间的有爱互动。但是。当他总是听见妈妈的哭叫声、爸爸的怒吼声,以及目睹挚爱双亲间的拳脚相向时,他不仅会恐惧地缩在墙角瑟瑟发抖,对父母的信任和安全感也会被完全剥夺。

有些孩子在目睹父母的暴力行为后,会自责地认为都是自己不乖,都是自己的错,于是开始出现退行性行为，例如，突然开始尿床或饭后呕吐；有些孩子会愤怒地想，好吧！如果你们都不在乎，我还在乎什么！于是开始和坏朋友混在一起，不再把心思放在学习上；有些孩子把自己关在房间里，戴上耳机，沉迷于网络游戏或流连于网络聊天室，以"眼不见心不烦"来麻痹自己；有些孩子则是痛恨自己为什么出生在这样的家庭，觉得命运对自己不公平，所以只能靠着拳头来对抗不公，捍卫自己……

这些孩子在学校里有可能成为霸凌行为的带头者，更可能成为霸凌行为的跟随者，借由群聚滋事，躲在人群后面取暖，壮大自己空洞脆弱的内心。

第三种是，社会成就低落，例如家庭因某些原因而被社区排挤孤立的孩子。

孩子的内心和感受是十分敏锐的，从大约两岁半开始，他们就能敏锐地觉察出谁喜欢自己、谁不喜欢自己，也能从别人的眼神和脸部表情知道自己是否被爱和接纳。因此如果因为家庭的原因，例如，爸妈动不动就和街坊邻居为了一点小事而闹得不开心；家人因行事风格问题、经济问题、环境卫生问题等而被邻里讨厌排斥，这都能让孩子感受到社区异样的眼光，甚至在背后的讥讽嘲笑。

这些敏锐的情绪感受一方面让他觉得非常羞耻，另一方面又束手无策，无力改变。于是，这种既生气社区对他和家人的排斥孤立，又生气自己的家人为什么总是自取其辱，这些会相互汇聚成一股愤世嫉俗的怒气，把破坏社区公物、涂鸦社区墙壁、随地便溺、欺负比自己更无力、弱小的动物或同学，当作报复和赢回自尊的方法。

最后是第四种，家长本身就是人际关系中的霸凌者的孩子。

很多成年人因为教养问题而在各种人际关系中成为霸凌者。例如，在职场总是趾高气扬地斥责属下或公司的新进员工；在家庭中颐指气使，动不动就用刻薄的语言责骂帮忙做家务的帮手；外出就餐在餐厅里傲慢无礼地对待服务人员；在公共场所目中无人地高谈阔论大声喧哗……这些不尊重他人、缺乏教养的不文明表现，让在一旁观察的孩子以为这些行为都是被允许的，也是自己高人一等的象征。

因此我们常常会看见，当某位霸凌受害者的学生家长带着孩子到学校寻求老师的帮助时，很可能同时也会看见一个丝毫不觉得自己的孩子有错、反而盛气凌人地指责受害者小题大做、让人直摇头的糟糕家长。

值得注意的是，儿童倾向于认同父母或与自己同性别的其他成人，因此模仿同性榜样的行为会远远超过异性榜样的行为。另外，由于社会上攻击行为主要是一种极典型的男性行为，所以男孩比女孩更倾向于模仿榜样的暴力攻击行为，尤其是在观察了男性榜样时，这个差异会更明显。

（2）在学校的经验，包括学业成就和人际经验

如果一个孩子在学校缺乏被表扬的经历，与有暴力行为的同学或同伴常常待在一起，或者是学校对霸凌行为没有积极的作为或严格制止，那么有上述家庭教养问题的孩子就更容易成为霸凌者。

成就动机，是一个教育心理学中的理论。

成就动机是指一个人所具有的试图追求和达到目标的驱力。美国哈佛大学教授、社会心理学家戴维·麦克

利兰和另一位著名的心理学家约翰·威廉·阿特金森分别对人类的"动机—成就—行为"之间的关系进行了科学研究，并提出了成就动机理论（也称为激励理论）。麦克利兰认为，各人的成就动机都是不相同的，每一个人都处在一个相对稳定的成就动机水平。阿特金森认为，人在竞争时会产生两种心理倾向：追求成就的动机和回避失败的动机。

根据研究，他们总结出影响成就动机的因素有：

• 成就动机的高低与童年所接受的家庭教育关系密切；

• 教师的言行影响学生成就动机的强弱；

• 经常参加竞争和竞赛活动的人比一般人的成就动机强；

• 学生的学习成绩与其成就动机呈正相关；

• 个人对工作难度的看法影响成就动机；

• 个性因素影响成就动机；

• 群体的成就动机的强弱与自然环境和社会文化条件有关。

所以，如果孩子在学校里能够拥有不管在哪一个领域里的成就（德、智、体、群、美任何一个领域的成就），而有了得到赞美和表扬的经验，就能够激励其对下一个成就的追求动机，并且把压抑在体内的负面能量转移到获得成就的正向努力上。这一点是学校的老师们能够很轻易、但却很有效地帮助孩子的事。

亲和动机，是存在于每个人心中对建立友好亲密的人际关系的需求。

亲和动机是麦克利兰提出的三大社会心理需求之一。它是一种重要的社会性动机，当它所引发的亲和行为得以顺利进行时，个人就能感到安全、温暖、有信心；当亲和行为受到挫折时，个人就会感到孤独、无助、焦虑和恐惧。

简而言之，亲和需求就是寻求被他人喜爱和接纳的一种愿望。这种愿望在孩子身上更为明显，而且更倾向于从具有权威的成年人身上获得。在还没有开始上学之前，幼儿的亲和需求往往是自己的父母或养育者（我们可以从几个话都还说不清楚的幼儿在一起无边无际地吹嘘自己的爸爸有多么厉害，就知道了！）；上了小学以后，老师就渐渐地取代父母，成为孩子仰望的偶像。不同的是，孩子通常很容易就能得到父母的亲和关注，满足了他的安全感需求；但是却需要通过努力，才能得到同一时间面对全班几十位小朋友的老师的亲和关注。

所以，从预防霸凌行为的角度来说，老师对某位学生的偏爱或表现得更亲和，也可能是霸凌行为的源头，因为它错误地给予了霸凌者一个暗示，认为自己的受宠源自比其他人都优秀，因此手上所握有的权力也就凌驾于其他同学之上。而且孩子们都很敏感，如果老师亲近了某个或某些孩子，就会让其他学生感到被孤立、疏远而更退缩。

另外，学校环境和师长处理霸凌事件的态度和方法也非常重要。就拿王晶晶在自己的实名认证微博中描述的真实情况来说，她曾求助于班主任，但班主任的做法却是告诉霸凌者"她患有抑郁症"，使得霸凌者反而掌握了更多可以羞辱她的"把柄"。当性格软弱的父亲前来学校向校长"讨说法"后，王晶晶得到的答复却是"爸爸没用，爸爸是农民，对方（掌掴她十几下的那个女孩）的爸爸是当官的"。因此我们可以遗憾地说，是校方和家长的不作为，助长并升级了对王晶晶的霸凌行为。

霸凌受害者

霸凌受害者是成为霸凌目标的人。如果一个学生与同辈团体较为不同，那么他就比较容易成为被攻击的目标。例如，体型外貌的不同；聪慧和学业表现的不同；家庭条件和社会地位的不同；性格特征的不同；性倾向的不同；等等，都有可能被挑选成为霸凌的对象。

以下是根据世界各国的教育研究机构所总结出来的几项霸凌受害者的特征：

• 总是表现出小心翼翼的样子，对外界和他人的眼光很敏感，安静不爱说话，内向害羞。

• 容易紧张害怕，没有安全感，对什么事都无精打采，自信心低。

• 不快乐，心情低落沮丧，有咬指甲、抠手、拔头发的问题。

• 没有同龄的好朋友，跟大人在一起比跟同龄孩子在一起更自在。

- 如果是男孩，个子通常会比同龄的男孩矮小一些。

（对于霸凌受害者需要老师和家长的哪些帮助，我将在后面章节中用大量的篇幅来说明。）

霸凌目击者

即便是霸凌行为中的目击者，也分为几个不同的群体。

第一类是霸凌的协助者。虽然他们不是霸凌的发起者或主要的带头人，但是在霸凌行为的过程中为施暴者提供协助，甚至加入霸凌行为中。

在王晶晶的例子中，那位直播"神女日常"的女同学；在放学路上掌掴王晶晶的学姐；故意追求以骗取裸照的男同学；等等，都是霸凌行为的协助者。

第二类则是彻底的、冷漠的局外人。他们既不帮助霸凌者，也不帮助受害者。在霸凌行为发生的时候，他们会前往围观，但是不表明自己站在哪一方。而实质上，看客角色本身就是对霸凌行为的纵容。

王晶晶曾有一位要好的女伴，两人曾经每天都结伴吃午饭。但是在"神女"的称号开始扩散后，她选择了远离，导致王晶晶一度变成讨好型人格，把接近的每个人当作救命稻草，然后却数次被骗。

第三类则是保护者。他们会安慰被霸凌的同学，有时也会直接和霸凌者对上。在"神女"事件中，这类人被妖魔化为"神族"，一起受到孤立和排挤。

需要留意的是，目击者可以在制止霸凌行为中发挥重要的作用。因为霸凌者喜欢自己的行为被人观看，如果目击者们表示对这种行为并不感兴趣或者不赞成，就会降低霸凌者的动机。除此之外，目击者也可以将霸凌者的注意力引开；向其他成年人报告；或寻找其他同伴的支持，一起保护霸凌受害者等。

（以上有关王晶晶霸凌事件的若干描述文字，系节录自该网络谈话节目编辑的记载。）

事件中的每一个角色,都是受害者!

霸凌行为影响了每一个人:被霸凌的人、实施霸凌的人以及那些目睹霸凌而采取不同行为反应的旁观者。

一般情况下,人们都会强调霸凌者对被霸凌者的伤害,但事实上,霸凌者本身也是校园霸凌的受害者。一方面,如我前文中提到的,很多霸凌的施暴者本身就曾经是,或现在仍然是霸凌行为的受害者。澳大利亚一项最新的研究表明,在校园霸凌事件中,很多孩子具有霸凌者和被霸凌者的双重身份。如果一个孩子在学校曾经被其他孩子霸凌过,有过被伤害的经历,那么这个孩子就很有可能转而去伤害和霸凌其他的孩子,以便从中获得一种心理慰藉或心理补偿。

澳大利亚的这项研究是以 3500 名澳洲青少年为调查研究对象的,结果显示,在承认自己有过霸凌行为的青少年中,有 3/4 的人同样也是霸凌行为的受害者。

研究人员在报告中写道:"过去人们认为在校园霸凌事件中,所有的青少年可以明确地划分为三类:霸凌者、被霸凌者和旁观者。但是实际情况却并非如此，我们不能把霸凌者和被霸凌者割裂开来看待，很多孩子其实是施暴者兼受害者，所以我们必须认清校园霸凌事件的复杂性。"

另一方面，霸凌者长大后的人生道路往往很艰难。当这些有情绪控制问题和家庭养育问题的孩子在相对单纯的校园里成功地施暴后，食髓知味的他就强化了"拳头就是真理"的错误认知，并固化了这个病态的思维习惯和行为习惯。于是，他们成年后，即使是已经获得了学业上或事业上的成就，还是会比其他人更容易出现一些行为问题，例如酒瘾、药物滥用、犯罪行为（根据统计，具有犯罪特质的男性施暴者，有60%在24岁以前会再次犯罪）等。此外，他们结婚后对配偶和子女进行家暴的比例也比较高。根据美国反霸凌网站调查，那些既是被霸凌者又是霸凌者的孩子，他们患上抑郁症或者自杀的可能性极高。

2017年，联合国教科文组织发布了一份全球校园霸凌现状报告。报告显示，每年约有2.46亿儿童和青少年遭受学校暴力和霸凌。其实，在2.46亿受害者背后，还有上亿施暴者。他们也是孩子，同样也是校园霸凌的受害者。

因此，美国现代实践派儿童心理学奠基人、心理学家鲁道夫·德雷库斯就曾经说过："一个行为不当的孩子，是一个丧失了信心的孩子，是一个归属感和价值感得不到满足的孩子。"

被霸凌的学生自然是最明显和主要的受害者，也会因霸凌而产生许多负面的身心健康问题。调查发现，被霸凌的学生比起同龄同伴会表现出头痛、胃痛、免疫能力下降、失眠等慢性疾病身体症状，同时伴随着焦虑、抑郁、学习成绩下降、注意力不集中、社交障碍甚至自杀的情绪问题。有些受害者因为不再感到学校是安全的，而开始逃学、旷课甚至辍学。

此外，有一部分受害者会将压抑的情绪转换为暴怒，成为日后的暴力犯罪者。一份2016年美国政府出台的调查报告显示，美国20世纪90年代，在15起校园枪击案中，就有12起枪击案的罪犯曾经在求学时遭受过校园霸凌。

但是，好消息是，很多不同国家的调查研究也发现，有些霸凌受害者在经历过霸凌后，受到的负面影响比较小，而这些比较幸运的孩子之所以留下较轻微后遗症的原因是：

- 有比较好的情绪控制和正向思维能力。因此，让受害者有办法去降低对自己的伤害。例如，我身边有一个在学校里总是受到某位霸道女同学言语讥讽和挤兑的三年级女孩，最初几次受到欺负后会回家跟妈妈哭诉，在妈妈反复几次带着她阅读几本反霸凌的绘本和教导她如何思考应对的方法后，她就不再觉得害怕、难过了，反而还会采取"就像是耳边风"的思维方式去"没反应"地对应，那位总是欺负她的女同学发现了她的改变，觉得不再有预期的兴奋和好玩，就不太愿意再去招惹她了！

- 拥有良好的社会支持系统。如果有支持性的家人和同辈团体中的伙伴，能让受害者在被霸凌后倾吐自己的感受和想法，或者给受害者提供建议与支持，也能减轻被霸凌带来的负面效应。这个部分除了家人和同学的重要性之外，老师所扮演的角色也非常重要，因为毕竟霸凌发生的场所是在学校里，老师的当下阻止和事后处置都关系到受害者在同一个空间里的心理感受，因此是能不能帮助他尽快从创伤中复原的重要因素。

• 拥有应对压力的技能。除了思维角度的应对技能之外，还包含了激发勇气的底气。

灵活的反应和肢体能力，这个部分都是老师和家长可以帮助孩子经过练习而获得的能力。

霸凌行为也会影响到霸凌的目击者。加州大学洛杉矶分校的一项研究发现，比起那些完全没有卷入过霸凌行为的学生，霸凌的目击者会更容易在日后产生心理问题，例如因自责或惊吓而被抑郁症和焦虑症困扰，同时，日后也更有可能有吸烟、酗酒或者使用毒品的问题。

但是，霸凌对那些愿意站出来的学生，也可能会带来积极的影响。加州大学洛杉矶分校的研究同时也发现，虽然霸凌会给各种角色的参与者们带来负面的阴影，但是对那些敢于反抗霸凌者的学生，霸凌经历可能会为日后带来积极的影响。调查数据显示，那些当年有勇气和责任感反抗校园霸凌的人，本身的社会竞争力更强，人际交往能力也更为成熟。反抗霸凌锻炼了孩子们解决冲突的能力，也提前给他们上了一课——并不是生命中的所有人都会喜欢你。

让打闹升级为暴力的"同伴压力"：这样才够义气！

这是需要老师和家长们深思并理解的心理现象。

青少年由于希望自己被接纳、受肯定、有归属感，因此在急切地想与他人结为好友的心理动机的驱使下，会让他们做出某些努力，例如，打扮得很时尚以获得校园内的瞩目和被崇拜；跟着同学一起在某位老师背后恶作剧；收看某个受欢迎的网络节目以便和同学有话题可说或吹牛皮……这种希望被同辈团体接纳的渴望，会让他改变自己的穿着、说话用语、想法，甚至做些原本不敢做或不愿意去做的事，即使这些事会让他感到良心不安。例如，必须和其他同学一样去欺负某位同学才会被接纳当作哥们儿；或是非得去排挤某位同学才能进入姐妹们的小圈子；或甚至最好的朋友在商店顺手牵羊时要求他把风。

有位接受我辅导的高中男孩，家长屡屡因为他在学校违纪而被叫到学校挨训。我在和这个男孩咨询的过程中，不断听见他用一句话——"这样才够义气"来解释自己的行为。

初中二年级时，他和父母一起从西南地区搬家到北京，虽然家庭条件十分优渥，在家乡也上的是数一数二的重点学校，但他说话时仍然带着点家乡的口音，穿着上也不像大城市的孩子那样时尚。喜欢恶作剧的几个男同学因此常常讥笑、捉弄他，还给他取了个很有些地域歧视的外号，于是他度过了十分艰难而屈辱的初中岁月。

上高中以后，他立誓要在一个全新的环境里反败为胜。为了讨好同学，他不仅出手大方花钱请客，还总是很仗义地承担一些触犯校纪的行动。他告诉我，虽然触犯校纪而被老师和家长严厉地处罚，但是在看见同学们"崇拜"的眼神之后，觉得这些"牺牲"就都值得了！

除了像这个高中男孩因为争取同伴的认同而过度的补偿表现之外,有的孩子则是因为胆小而屈服于同伴的压力。例如,有个初中女孩的零用钱用得比平时需要快得多,原来是她每天早上都必须帮几位固定的同学买早餐,要不然就会受到排挤、处罚,后来她在这几位同学的怂恿下找到了一个比她更软弱的同学,同时也加入了这个向同学勒索早餐的行列……

从社会学的角度来说,只要是有人群聚的地方,就会有权力和政治,看似单纯的校园也不例外。如果我们在校园里仔细地观察一天,就一定会看见下课时有某位女同学或男同学是其他同学们簇拥的中心。她可能长得漂亮、高挑时髦;可能家里有钱、大胆任性;可能成绩优秀,最得老师的喜欢;他可能身体健壮,是运动明星,或挺拔帅气,吸引女生。总之,他们因某种特质而被其他同学崇拜,也因此掌握了可以支配粉丝们的权力。而这种校园内自然而然所形成的"权力阶级",就是负面的同伴压力的来源之处。

一位研究学习差异领域的专家梅尔·莱文博士,在他的一场演讲中,相当清楚地陈述了以下的观点:"对大部分在学校的孩子来说,人缘好不好,是非常重要的事,而不惜任何代价来避免丢脸,则是非常严酷的竞争活动。到了中学阶段,同伴间的竞争压力达到最大的、极限的程度,孩子变得容易受伤、羞怯,也知道性别角色的刻板印象,并且绝对不会想要脱离同伴间的行为常轨。"我相信,这段话是学校老师和学生家长们都需要放在心里仔细思索的。

但是,专家们也带来了好消息,那就是老师和父母的协助,可以帮助他们更好地去处理负面的同伴压力,而且,我们对孩子的影响力,比我们所认为的要大得多。孩子到了青春期之后,可能会表现出不怎么在乎或不怎么相信我们所说的话,但他们还是会仔细观察我们的行为和价值观的,也会默默地希望我们伸出能扶他们一把的手。

所以,如果受到欺负的情况是轻微的和可以控制的,老师和家长可以先不出手处理,只是在一旁为他们打气,并且教导他们如何自己去面对和处理这个问题,这是我们能够给他们的最好的帮助。家长们尤其不要立刻跳出来试图为他/她而战,因为这样只会让他/她在面对同伴时感到更加无力，而且我们不能掌控其他孩子对待他/她的方式，所以他/她更需要经历和学习如何独自去处理这些事情。我们能做的事，就是提供一个安全的打气共鸣板，并且在一旁密切观察事态是否往失控的方向发展。

以下是我在专门为高中学生所开设的心理辅导中心工作时，由中心发给高中生和高中学校辅导老师的一段有关如何应对同伴压力的文字，在这里提供给老师和家长们参考。

如果你有负面的同伴压力或知道某个霸凌行为正在发生，你要如何处理这样的压力？以下是给你的一些建议：

（1）决定什么行为是正常的？是好的？是坏的？

人们常会为了被接纳而屈服于同伴压力，原因之一就是没有确立好自己的行为准则。当你知道哪一条路才是对的，纵使你与大部分人意见不同，你还会跟着其他人往错误的方向去吗？正常与对错不见得是由多数人来决定，因为别人无法为你的行为负责，只有你自己才能决定你的行为。想要决定自己的行为准则很简单，仔细想想关心你的人会给你怎样的人生观、价值观，仔细地思索他们告诉你的，你就能做出正确的判断。

（2）学会向压力说不

做你认为对的事，而不是模仿别人。有时拒绝只需要一个字："不。"你可以婉转拒绝，坚定拒绝，就是不要随波逐流；以清楚、坚定、不犹豫的声音来说话，并跟他人直接做眼神接触。不必觉得有罪恶感，拒绝臣服同伴压力并不会伤害到任何人。除了说"不"之外，你也可以提议做其他事，委婉地拒绝。拒绝后就换个话题，以免流于争辩。

（3）想一想你对自己的看法

你若不喜欢自己，不尊重自己，那就很容易会淹没在同伴的压力之下。自尊不是模仿别人或是顺从别人可以得来的。当你坚持自己的想法与原则时反而会令其他人佩服。与你一起的朋友们若是阻止你做出对的决定或是要求你一起做出有违良知的事情，那是因为他们缺乏安全感。当你带头做出对的决定时，相信其他人会一个接一个地附和你的行动。倘若只有你一个人做出对的决定，那至少就可以对自己更尊重了。

（4）寻找你能信任且能指引你的成年人

当我们在岔路口徘徊且不知道哪条路是对的的时候，我们都会求助地图或是指标。面对同伴的压力与道德的两难也是类似的情况。之所以建议你寻求成年人的协助，是因为经验与智慧相仿的同伴不见得能帮到你。如果你在家觉得不愉快，不愿求助自己的父母，就去寻找你应得到的帮助，例如：学校老师、辅导员、社区健康中心或公益团体的专业人员。

另外，对于身处风暴中心的双方，我也有话对你说：

如果你曾经被霸凌过

被霸凌，会无可避免地让人产生不安全感和无助感，即使长大成人多年以后，这些阴影和感觉也许还依然存在。但是，人是有能力从过去被霸凌的经历中痊愈的。如果你曾经被霸凌，可以尝试用以下的方法来帮助自己：

首先，承认自己曾经被霸凌。霸凌受害者经常花了很多年的时间去掩饰、去试图最小化自己曾经因为被霸凌而受到的伤害，劝自己"那没有什么大不了的！"或者试图假装什么也没有发生过。但很多时候，霸凌的受害者可能会有强烈的自责，总是生自己的气："如果当时能更坚强一点，或许霸凌就不会发生了！"

但是，从创伤中疗愈的第一步，是去认识和理解："我对曾经被霸凌这件事无能为力，我无需为此负责，犯错的是霸凌者而不是我。"只有承认这一点，承认过去发生过的事，和排去自我苛责的判官，我们才能进一步认清它在我们身心上造成了哪些创伤，也才能勇敢地直面伤害，采取行动来解决这些负面的思维和坏影响。

其次，重新认识真实的以及正确的自我价值。在被霸凌的过程中，我们可能会从那些欺负我们的人嘴里听到很多对我们的能力和价值的轻蔑嘲笑。一定要清楚，这些都是他们为了恶意攻击我们才故意说出的谎言——事实上，那些霸凌者并不了解真正的"我"。所以，我们要用所具有的在各方面的优势，去展现自己真正的价值，例如，可以通过展现我们在艺术上的才华，我们温暖善良的优良品格，我们自律和自我要求的学习态度，等等，用这些积极的我，替换掉那些消极的、不正确的、故意为之的评价。

也可以通过曾经被霸凌的经历，关注和思考自己确实需要进步的个人成长方向。例如，从这件事中，我发现自己需要学习如何更坚定地对别人说"不"；我发现自己应该更勇敢地伸出双手去交朋友；我发现自己没有善加利用老师和父母对我的支持，所以从现在开始一定要学会接受；等等，以此把自己被霸凌的遗憾转换为自我提升的机遇。

当然，我们也一定要敞开自己，向外界寻求支持。我们要对自己信任的、能给我们带来支持的老师、家人或朋友，坦白地陈述自己的经历，不要为自己曾经受到的不公平遭遇感到羞耻和自卑，或担心自己的倾诉会给别人造成负担、浪费了别人的时间。在从被霸凌恢复的过程中，运用身边温暖有爱的支持系统的力量，是非常重要的帮助。

如果觉得自己的问题不适合与身边的人分享，或者情况比较严重需要更专业的帮助，那就勇敢地伸出求援的手,让专业人士带着自己一步步地走出这黑暗的阴霾。

如果你曾经霸凌过别人

请回忆并且审视自己当时为什么会选择用暴力的手段来欺凌同学。是因为哪些压力或哪些伤害让"我"转移了自己的愤怒情绪?从今天看来,当时"我"还有没有其他更好、更健康、更合理的方式来发泄自己的问题?如果今天再遇到和当时相同的情况时,我会不会选择不同的方式来解决它?

另外,在前文中提到,霸凌行为也会给霸凌施暴者带来创伤。许多霸凌施暴者希望能对曾经的受害者表达自己的歉意,但是因为种种原因而不敢或者说不出口。

你可以将自己想说却还未说出口的话写成一封信,在信中写下自己的所有感受和想要表达的歉意。如果心里还没有准备好向当事人当面道歉,或没有准备好寄出这封信或发出邮件,你可以选择自己先保存这封信,留着它,作为对自己的反省,等到你觉得已经攒足了勇气时,再把这封信投寄出去。

诚恳地向曾经被自己伤害过的人道歉，看起来是一件于事无补的举动，其实却充满了积极的力量。对曾经遭受身心伤害的人来说，它是心灵上的平反，是扭转自我认知的节点，也是释放愤怒情绪的出口；对施暴者来说，它则是一个漫长的鞭挞自己的了结，为自己曾经的愚蠢无知，做最深刻的反省和赎罪。所以，霸凌的双方都得到了解放，也都得到了救赎。

学会向压力说
"不"!

写给
老师

我们可能在电视剧或新闻里，看到了很多当今学生不再像以前那样尊师重教的剧情或报道，也可能真的以为"唯恐天下不乱"的各种新闻媒体，对极少数家长冲撞老师的夸张报道，能够代表所有的师生关系和老师家长关系的现状。但事实并不是这样的。

对绝大多数的学生和他们的家长来说，听从老师的教导，遵守老师的规定，寻求老师的认可，是共同的理解和意愿，所以老师对学生的影响力仍然是、也一直会是巨大和深远的。

从对学生的学业表现来说，美国相关研究机构以老师的教学质量高低、学校的其他因素（包括学校服务、教学设备等），与学生个性、家庭环境、周边社会环境等作为参照因素，分析学生在考试中的表现。结果发现，老师对学生成绩的影响比学校其他因素要大得多，比起学生个性、家庭环境、周边社会环境的影响，那就更是天壤之别。

至于对学生品格和行为的影响，老师是学生心目中的楷模，是学生学习的引导者和校园生活的陪伴者，老师的一言一行对学生的影响是不言而喻的。

师生之间的关系实际上并不平等，老师的言行在学生心目中又具有象征性和符号性的意义，所以学生们一定会"很在乎"老师的态度，老师的态度也必然会对学生的行为产生积极或消极的影响。

阻止校园霸凌，老师的功能是最重要和最强大的

如果谈到对校园霸凌的预防和干预，老师所扮演的角色就更为重要了。因为：

第一，校园霸凌的发生地点多是在学校，即使是不

受到空间限制的网络霸凌,它的大部分施暴者和受害者也还是一样同时出现在校园这个空间里,所以老师是最能够在第一时间发现霸凌行为的征兆的,或甚至是看见霸凌行为正在发生的成年人。

第二,教育者角色的权威和被校方及家长所赋予的权力和责任,让老师能立刻阻止霸凌行为的进行、安抚被霸凌学生当下的情绪,以及裁处施暴者所应该接受的处置。

根据许多针对校园霸凌的社会心理学研究,当施暴者受到了权威者的制止和接受适当的处置后,他再犯的概率会降低,尤其对那些年龄比较小、还缺乏情绪控制能力的学生来说这一点更是明显。另外,如果霸凌行为屡屡因为无人制止而得逞,不仅霸凌的伤害程度会逐渐升级,霸凌的次数也会因为受到强化而发生得更频繁。

第三,学生崇拜、尊敬老师,以及寻求老师喜爱和认可的心理渴求。这也是老师手上握着的能预防和阻止霸凌的有效工具。所以,在预防校园霸凌的行动上,老师,尤其是班主任们所扮演的角色自是比家长更及时有效。实事求是地说,也是责任重大和非常辛苦的。

预防霸凌,老师能做的 10 件事

(1) 提高学生对霸凌行为的关注度和学习应对的技巧

为了让学生知道学校对霸凌坚决禁止的态度,老师需要非常正式和严肃地与学生们讨论这个主题。除了清楚地说明学校严格反对霸凌的政策之外,重要的是让学生了解霸凌会如何影响参与其中的每一个人的身心健康,同时灌输给他们同理心、善良、尊重他人和情商的重要性,以及一旦被发现实施霸凌行为其严重后果和代价是什么。

除了以上对下地宣导学校的反霸凌政策之外,还可以通过其他寓教于乐的方法,来灌输和启发学生的正确观念。例如,选几部和校园霸凌有关的电影或纪录片,作为某一堂课的主题课程,让全班同学聚在一起观看,观看后把学生们分成几个小组,要求他们讨论老师所指派的题目,然后每个小组推选一位同学,在全班同学面前报告该组讨论的结果。

这个方法的目的是让这些身心都还没有完全发育成熟的孩子，学会用不同的视角，去理解在霸凌事件中不同角色背后的心理和情绪原因。这是培养同理心的方法，也是培养全面思考能力和提高情商的方法。最主要的是，能让他们知道，自己的任性和缺乏自控力的行为，会给别人带来什么样的伤害，同时，也会在日后给自己带来什么样的影响。

我们都知道，现在的老师难当，严峻的考试制度让老师和学生都被压得喘不过气来，但如果老师愿意多花一些时间和精力去预防可能发生的霸凌行为，不但能避免这些还少不更事的孩子们受到伤害，也能让学生们因为拥有足够的安全感而能更专心地读书，所以这绝对是一举两得的好事。

除了看电影、纪录片之外，利用话剧来角色扮演霸凌事件中的各种关系人，甚至包含老师和孩子们的家长，也是我在辅导学生如何拒绝霸凌时会用到的方法。

有一次，学生们因为表演得太逼真，一位常常在班上霸凌事件发生时选择作壁上观的同学，在话剧进行到一半时突然痛哭失声，把他一直以来作为一个霸凌事件的旁观者所感受到的恐惧、自责甚至威胁等被压抑的负面情绪都发泄了出来。

演话剧或角色扮演时，可以请学生们分组自己写剧本和设计不同的霸凌场景。有的剧本的主要视角是放在作为主角的霸凌者身上，有的是放在受害者身上，有的则是放在对霸凌采取了不同反应的旁观者身上。这个话剧可以是贯穿全学期的功课，所以老师有足够的时间让每一位学生都尝试扮演霸凌中不同的角色，让他们在角色扮演中，站在他人的立场，感受身在霸凌其中的每个人会有什么样的心理感受和所受到的身心伤害。这是建立同理心最好的方法。

此外，话剧或角色扮演的排练和教室氛围，能增加学生对霸凌行为的关注度和敏感度；同时，最重要的是，让霸凌不成为学生们课后谈话和讨论的禁忌。此外，老师也可以趁此机会，在话剧中加入一些如何应对霸凌的剧情，以教导学生们在遭到、发现或目睹霸凌发生时，分别应该采取什么样的应对处理方式。

(2) 留意霸凌行为的线索

霸凌的受害者一般都会因为不敢或觉得丢脸而选择不告诉老师,所以很多时候老师都是在霸凌已经升级到比较严重的地步时才会发现。除了借助知道有霸凌正在发生的旁观学生的报告之外,老师如果能留心辨识霸凌行为的线索,也是可以在霸凌升级之前就有可以有效阻止它的方法的。

霸凌事件中受害者的身心表征,是成年人最能寻线辨识的线索。这些线索可能只是从一些微妙的变化开始。例如,下课时总是看见几个学生聚在一起背对着某位特定同学小声地说说笑笑;看见某位同学走进教室就朝着他/她翻白眼;发作业本时故意用力地丢在他/她桌上,发出很大的声响;经过他/她的桌子时故意撞翻桌上的笔盒;别人都拿到了老师批改后的作业本,只有他/她的被丢在墙角……这些看似小动作,其实是酝酿更大动作的开始,也是刺激孩子们兴奋情绪的引信。

接下来,随着霸凌的持续甚至升级,霸凌受害者就开始出现一些更明显的身心特征。例如,某个原来在课堂上专心听讲、考试成绩也不错的学生,突然变得精神恍惚、上课不专心，成绩也明显下滑；原本在下课时喜欢和同学们说笑的孩子，突然变得很沉默；在走廊上遇见老师就慌忙地低下头来，躲开老师的目光；最近这段时间总是一个人最后低着头、缩着身体进入教室；脸上或身上总是带着瘀伤……这些都是受到欺凌的孩子们所表现出来的无声的求助信号，恳求老师能立即伸出援手来帮助他们。

这些霸凌的初始线索，是导向有意识的和强烈恶意的霸凌行为的开端。如果老师发现得早，并稍微留心地进一步观察，就可能阻止接下来情况可能愈演愈烈的风暴，甚至是挽回不了的一个年轻生命的消逝的遗憾。

另外，老师也要能够辨识最容易发生的几种霸凌的形式，以及男孩和女孩在霸凌方式上的不同之处。根据统计，男孩子倾向直接对身体的伤害霸凌，例如，几个人在厕所角落围殴受害者，把受害同学的头塞进校园的垃圾桶里或马桶里；女孩则喜欢利用人际关系来霸凌，例如，排斥或孤立某位同学，在同学中散布偏见或鄙视的谣言，用刻薄的语言讥讽嘲笑受害者的身体和外貌特征……

(3) 尽可能让学生见到你

霸凌最有可能发生在教室的角落、走廊、食堂的角落、洗手间或校园内某一偏僻处，这些都是老师不容易看见或不容易经过的地方，所以最容易被施暴者选择作为聚众伤害的场所。

如同我在前文中提及的，为了应付严峻的升学压力，老师们，尤其是班主任们的工作量已经非常大，况且需要及时干预的霸凌行为通常发生在小学高年级以后，繁重的课业和班级间的竞争压力确实占据了老师很多的时间和精力。但是，如果我们忽略或"漠视"了霸凌受害者的求助信号，等参与霸凌行为的每一个孩子都受到了伤害，那就不仅仅是需要花更多的时间、精力来善后，更是会因为辜负了家长们的托付和应尽的责任而自责不已。

所以，如果可能，除了在教室、食堂、走廊上让孩子们随时可以看见我们的身影，课间和上下学时，也尽可能在洗手间随机出现突击一下，或突如其来地现身在校门口、公交车站站牌前，故意释放出"老师正在密切监视"的信号，以阻止可能正在进行中的霸凌行为。

当然，如果学校的预算和法律许可，可以尽可能地在老师不容易看见，但又容易发生霸凌的每个角落装上监视装置。因为根据联合国反校园霸凌计划的统计，很多校园霸凌的施暴者都是兴之所至的机会主义者，他们知道老师大部分的时间会在哪里出现，所以会挑选老师不在附近的时候在僻静的角落下手。另外，就像马路边交通警察随机拦截的酒测、高速公路旁停着的警车和超速监测装置一样，都能起到对有意图破坏规定者的吓阻作用。

有位老师在联合国反霸凌论坛的贴吧空间里提供了一个很巧妙的"监视"方法。他把一面穿衣镜立在黑板旁边，这样即使他不得不转身在黑板上写字时，也可以从镜子里瞄到讲台下学生们的一举一动。另外，他也建议，可以请学生帮忙在黑板上写板书，此举不但能鼓励学生直接参与，最重要的是，它能节省老师的工作，以及保持自己面对着学生。

这位在论坛上投书的老师说，面对学生是很重要的，因为它能达到更好的课堂控制，除了减少学生趁机交头接耳或低头打瞌睡的概率之外，也能对教室里发生的事掌握得更好，因为很多教室里的霸凌行为，都是从趁着老师转身板书时开始的。

（4）和学生们保持通畅而开放的沟通管道

由于班上学生的人数较多，任何一位老师都会比较注意那些在班上表现比其他同学突出的学生，例如，学习成绩好的；某项才艺杰出、优秀的；课堂上踊跃举手发言或回答老师问题的；特别热心参与班务的；等等。这是人之常情，也是老师在辛苦教学后的情感回馈。

但是，有时候老师不经意的关注，却会给正在建立自我价值认知、努力寻求认可的学生们带来不同的解读。例如，谁是老师最喜欢的人；谁最得到老师的信任；老师最不喜欢的人是谁；等等，这些曲解老师原意的错误解读，在学生中间就产生了等级的划分，也促成了小圈圈的产生。于是，学习好的同学自然而然地聚在一起；老师喜欢交代工作的同学也自然而然地自成团体；至于那些平时就比较害羞、内向，既不敢当着全班同学的面表现自己，又不会主动交朋友的孩子，自然而然就落了单，成为比较容易受欺负的对象。

所以，在学生面前几乎是神一样存在的老师的一言一行和所做的每一个决定，都可能对学生造成巨大的影响。

因此，努力构建一个和每一位学生都能亲密交流的管道，是积极并且能够有效预防霸凌的做法。所谓亲密交流的管道，是指能真正地认识每一个学生，每天早上和每一位同学打招呼，问问他们的近况，留意他们的外观或神情，并且辨识是否有正在被霸凌的线索。另外，尽可能地了解每位学生的兴趣和目标，如果他们正在为某件事挣扎，可及时提供你的支持，或转而寻求学校的支持系统，请专业老师来帮助和辅导他／她。

以我自己来讲，我既是老师的受益者，也是老师的受害者。

50年前，我升上初中一年级时，学校才开始有英语课程。我的英语启蒙老师是一位特别温暖、和蔼的老太太，她是民国初年上海圣约翰大学毕业的高才生，英语发音又标准、又好听，对于初次接触英语的我们，她真的是女神一样的存在。老师的教课方法非常轻松有趣，除了很生动地解释硬邦邦的语法之外，还让我们每个月学习两首英文歌曲，然后让班上所有的学生组成几个合唱团，根据自己的性格、喜好、声线，分别加入乡村、爵士、摇滚、民谣等乐团，然后轮流上台表演。

后来，我因为中考英语满分的成绩，"掩护"了我特别差的数学成绩而考上了高雄最好的女中。但是，从高中二年级开始，就"很不幸地"遇到了一位严重打击我自信和自尊的班主任。由于就读的女中一直有非常好的高考录取率，所以我们从高二下学期开始，每天下午都有针对高考的模拟考试，然后在第二天早上到学校时拿到成绩。

我的这位班主任十分严格尽责，每天早上一手拿着成绩表，一手拿着一根小棍，他让同学们在一楼楼梯口就排成队，一个一个走进位于二楼的教室，每经过眼前一个，他就大声地喊出这位同学昨天的模拟考试成绩，以及这个成绩可以考上哪所大学，接着，再附加上微笑鼓励或用小棍子敲头。至于我，总是那个游走在考上大学边缘的"差学生"，每个星期也就一定会有好几次让小棍子敲在头上。

说真话，对于游走在大学边缘的学生来说，模拟考试成绩差已经让我们够紧张、焦虑和羞愧难当的了，但老师当着楼下楼上还有满走廊同学们的面，大声喊出自己丢人的成绩，更是让我感到无地自容。况且，我的这位教历史的中年男班主任，不知道是不是在家里常受到老婆的气，每当他举起小棍子敲我头的时候，低着头的我都还能清楚地听见他用鼻子发出的不屑的声音……

上了大学之后，我就没有再踏进高中校门一步，也不参加校友会或学校举办的任何活动，甚至在我已经50多岁的时候，偶尔因为白天工作压力大了，夜里还会梦见自己参加考试的场景，不是时间来不及没写完卷子，就是快迟到了却急得找不到教室的门在哪里，最后再吓得一身冷汗从梦中惊醒。可见这位不懂得、或不在乎青少年心理健康的老师对我的伤害有多大，居然能在40年后仍然影响着专业是给别人做心理治疗的我！

(5) 教导学生成为积极的旁观者

要教导学生们在看见霸凌事件发生时,一起勇敢地站出来阻止和对抗霸凌者的行为,或立刻报告老师或学校的其他成年人。

学校是一个具体而微的小型社会,在这个相对单纯的社会环境里,人性所面对的考验几乎和成年人的社会是一样的。社会心理学中有个知名的理论——从众心理,所谓从众心理,是指一个人在群体的影响或压力下,会选择放弃自己的意见或违背自己的意愿,使自己的言论、行为表现出符合公众舆论或多数人的行为方式。而实验表明,只有 1/4 的人能在公众舆论和多数人行为的压力下保持独立性。所以从众心理,或俗话说的"随大流",是经过社会化的个体的普遍心理现象。

美国社会心理学家所罗门·阿希是提出这个理论的先驱。他从 1956 年开始,做了一系列的研究来探讨从众行为。实验所选择的受试对象都是大学生,每组 7 人,坐成一排,其中有 6 个人是事先安排好的实验协助者,只有一个人是真正的被试者。实验主持者每次向大家出示两张卡片,其中一张画有标准线 X,另一张画有三条直线A、B、C。标准线X的长度"明显地"与A、B、C三条直线中的一条等长。实验中，主持者要求被试者判断X线与A、B、C三条线中的哪一条线等长，而且设计回答的顺序总是把真正的被试者安排在最后一个。

在第一、第二次的测试中，实验设计安排大家的回答都是正确的，没有区别，但是从第三次开始，一直到第十二次，前6名的实验协助者都按照事先要求的那样，故意给出错误的但却是相同一致的答案，借此观察被试者的反应是否会在从众压力下发生改变。

实验的结果既如预期，也非常有趣。被试者的反应各有不同。其中有25%的被试者从头到尾都坚持自己的判断，没有受到从众压力的影响；50%以上的被试者则在超过6次的实验中都听从了实验合作者的错误判断，甚至还有5%的被试者在每一场实验中都展示出了对错误判断的盲从。阿希将实验结果——从众行为出现的总次数除以被试数目再除以实验次数，所得到的从众行为发生率约为33%，也就是有1/3的人会在舆论和群体行为的压力下，发生知觉—判断—行为的歪曲，最后放弃了自己的主张。

这个实验和其结果，对老师来说是个很好的提示，我们既可以运用它来创造努力读书的氛围，营造大家都在好好读书的从众压力（其实这也就是两千多年前孟母就懂得的道理，所以才有了"孟母三迁"的教育智慧），也能利用它来营造反霸凌的教室氛围（组织贯穿全学期的话剧就是这个目的），让相较于霸凌团体在人数上占多数的学生们，在发现和目睹霸凌行为时，借着舆论和群众的意愿，勇于站出来阻止和报告老师。

美国明尼苏达州立大学的咨询教育教授沃尔特·罗伯茨，在她的著作《与霸凌者和受害者的父母一起工作》(*Working With Parents of Bullies and Victims*)里写道："当孩子们大声说出自己的想法时，这种力量比我们成年人所能做的任何事情都强大十倍。"

当然，我们需要让学生们知道，学校和老师会对前来报告的学生提供安全的保障和信任的氛围，这样才能鼓励他们勇敢地站出来。

（6）对每一个霸凌行为都做出最快速的反应

除了鼓励学生们形成反霸凌的舆论氛围之外，实事求是地说，老师和学校的处置态度也至关重要。如果为了多一事不如少一事省却麻烦，或把霸凌行为合理化为孩子们之间难免发生的打打闹闹，我们淡化处理的态度就会向学生传递一个信息：霸凌是被允许的！这样不但所有的学生在学校都会感到不安全，霸凌者的行为也会越来越嚣张，进而升级到更危险的地步。

从犯罪心理学的角度看，霸凌行为的施暴者就是希望旁观者对自己的行为保持缄默，如此才能展现出自己的强势力量对局势的凌驾和掌控能力，这种心理尤其是在那些本身就受到家暴的青少年身上更为凸显，因为它满足了自己实际上非常脆弱的内心的病态幻想。所以，如果本来有干预惩治暴力行为的公权力，选择了漠视或甚至让施暴者误以为是默认，那就一定会让暴力升高至不可控的事态。

但如果我们在第一时间就立即做出反应并进行处置，中断了暴力行为带来的刺激和由此而衍生出来的病态快感，就能在一定程度上压制住再次使用暴力的动机,让暴力行为的发生频率减少,也让暴力行为的强度减弱。而且,在校园里代表公权力的是有权威的师长,这要比家长的规劝或处罚更为有效。

(7) 与霸凌受害者单独和私下谈话

虽然并不是每一位老师都是受过心理辅导培训的专业人士,但老师及时的安抚、正确的处理,对霸凌受害学生的心理复原却是非常关键的。

首先,我们一定不能当着全班同学的面让受害者说出被霸凌的原委和实际情况。对本来就很害羞,甚至自卑的孩子来说,这无异是对他的二次伤害。想想看,当孩子在大庭广众前结结巴巴地说出自己被霸凌的经过,等于是让他在众人面前再度被霸凌一次,也再度失去自己的尊严。更何况年轻孩子很难控制自己的情绪,如果班上某个角落发出惊讶声、窃笑声,那就更是让他难堪受伤。再加上,受害者也会担心自己和盘托出后,反而会被霸凌者更加凶狠地报复,所以通常会选择用沉默来回答老师的问话,这就背离了我们想要了解实际情况的原意,同时也把受害者暴露在更不堪的情境里。

其次，千万不要让受害学生和霸凌者当面对质。对本来就胆小或体能较差的受害学生来说，面对霸凌他的人本身就是一件非常痛苦、非常恐怖和难以承受的事，他不可能那么勇敢、那么坦然自在地说出真相。因此一定要私底下和受害学生谈话，并且确定霸凌者不在附近，也不知晓这件事。

所以，创造一个让霸凌受害者能安全而有尊严的谈话空间和氛围，强调他们的感受是最重要、也是老师此刻最关心的事。除了安抚情绪之外，也要鼓励他们说出自己对这件事的建议，包括如何阻止和克服它。我们一定相信孩子已经在夜深人静独自一人时，想象过上千遍、上百种的脱困方法，所以他们心中一定有最适当、也最不会回火的结论，因为毕竟他们才是那个受到欺负的当事人，也只有他们才知道整件事情的来龙去脉，所以对如何有效地制止暴力他们要比任何人都清楚。

最后，我们还要给霸凌受害学生有安全感的承诺和安排。例如，技巧地指派几个同学在课间和上下学时陪着他，不让他再次落单成为霸凌的猎物；或者有意地把某门课程设计成小组学习，让他总是能在某些时间和团体在一起。这些安排不仅能预防他再次被霸凌,也能帮助他学会如何与团体相处。

(8) 与霸凌施暴者单独和私下谈话

我们已经从许多研究调查中了解,很多霸凌的施暴者往往也是家暴或虐待的受害者,所以在与这些孩子单独和私下谈话时,建议老师不要只看见他恶劣的施暴行为,同时也要看见他破碎和受伤的身心。这些孩子曾经也在暴力底下挣扎、求助过,只是没有得到成年人的积极回应和帮助,所以才利用从霸凌他的人那里"学习"到的唯一方式,把怒火倾倒在比自己更弱小无助的人身上。所以,直接用责骂来管教这些孩子的作用不但微乎其微,反而还会激起他被压抑的怒火,回头对受害者施以更愤怒的报复(就像父母对回嘴的孩子处罚得更严厉一样!)。

建议老师用以下问题来带领这些孩子,这也是我在心理治疗室里对个案的引导方式:

- 我知道你的行为一定是有理由的,请告诉老师,你为什么会这么做?如果有人也这么欺负你,你会怎么做?

• 你希望这位同学怎么做,你才不会再继续欺负他?

• 我相信你在欺负他人的时候,心里一定也会有一些感受,你愿意告诉老师,你的感受是什么吗?

• 如果不用欺负他人的方式,你觉得还有什么其他的方法吗?

• 你有没有什么需要老师帮忙的事?

给孩子足够的时间去思考和回答你的问题,当他沉默时,只要轻轻地重复问句,不要逼他回答,也不要急着立刻纠正或指责他给出的答案。另外,当他说出答案后,我们可以顺着他的回答内容再继续往下追问,例如,如果他回答:我就是讨厌看见他的样子!

我们可以接着问:是什么样子?

"就是那种畏畏缩缩的可怜相!"

"这种畏畏缩缩的可怜相会让你有什么样的感觉?"

"就是不舒服的感觉!"

"你能不能再具体一点说说看是什么样的不舒服感觉？"

这些看起来很心理辅导老师式的问话技巧，其实就是几个简单的诀窍：

- 不要逼他说话；
- 不要替他说话；
- 不要妄下结论；
- 不要让他因为说真话而受到处罚。

而且所有的问句都是开放性的，而不是让他只是回答"是或不是"的简单选择题。开放性问句的目的之一，是能帮助老师理解这些暴力行为背后的真实心理原因的，但更重要的是，帮助霸凌者在述说的过程中整理清楚自己内在的情绪，以及豁然看见有哪些诱因会触发自己的怒气。这就是心理治疗上所谓的"洞察"和随后的"觉知"。

记得我上初中时看过一部 1956 年首映的美国电影《吾爱吾师》(*To Sir With Love*)，剧情描述一位黑人中学教师，应聘到伦敦的贵族公学任教，学生都是喜欢惹是生非的白人富家子弟和顽劣青年，甚至有人当着他的面羞辱他，或向他下了生死挑战书。他用极大的耐心和智慧，感化了这群坏学生，也终于赢得了应有的尊敬。

我当然理解在过去的六七十年间世界已经发生了天翻地覆的变化，现在的学生和社会大环境也不复以往的单纯。但作为心理辅导专业人士的我，却从那么多年的工作经验中明白并且相信，来自师长的循循善诱，绝对要比严格的惩戒更为有效，尤其是如同我在前文中提及的，学生对老师不同于和父母之间，有着下对上的尊敬和对权威的畏惧，所以能让感化的力量变得更为强大，而这不也正是我们身为师长，在传道、授业、解惑之外，更有价值的成就吗？

当然，既然犯了错，根据校纪给予适当的管教和处罚一定是必要的。但对于已经有暴力行为习惯的孩子，不让他们再结党结派也是很重要的预防工作。预防派系产生的方法之一，是当某门功课或研究报告需要分组时，由老师来指定学生们如何分组。因为当我们让学生自己挑选和哪些人组成小组时,就是给霸凌打开了一扇机会的门,不仅如此,它还增强了派系的黏合度和力量,也让他们有机会故意排斥某些同学。不过,即使老师指定了分组成员之后,还是要确定每个小组都有机会学习、并与其他小组成员之间进行交流讨论。老师所指定的小组成员分配,也让学生借此机会学习如何与不同学习风格的同学相处。

(9) 建立适当的干预机制

霸凌行为中的施暴者和受害者都需要心理干预和情绪支持。受害学生需要学校辅导老师帮助他们重新获得自信和自尊,以及应对霸凌的方法;霸凌加害学生则需要学校辅导老师帮助他们找到健康合理的沟通方式和行为模式,以及学会对自己的情绪做好管理。但如同前面所说的,不要让霸凌者和被霸凌者在同一个时间、同一个治疗室里接受辅导。霸凌与两个或几个同学之间产生矛盾不同,它是完全不对等的力量关系,施暴者有更大的意志和能力去使用力量来威胁、羞辱、伤害被霸凌者,所以,团体治疗或其他形式的同伴干预,在这个情境里是不适当、无成效、也会造成反效果的。

另外，对两人或两方进行干预后，要留意观察后效。留意观察施暴者和受到暴力对待的学生在课堂上的表现，看看是否有任何迹象表示霸凌行为已经完全结束或仍然在进行中。这是一个非常重要的干预步骤。通常，观察的重点在受害学生的课堂专注度和学业表现上，而重点检查的时间则是在午餐时间和放学之后。老师可以进行几次突击，例如出现在公交车站、校园角落或洗手间附近，观察他们分别有什么样的表现以及和其他同学之间互动的情况。

定期询问施暴者和受害者的近况，以及有没有需要老师帮助的地方，也是干预机制的一个环节。但请千万不要在课堂上表现出对施暴者另眼对待或失望不满，给他们机会去改进自己，并把过去的不愉快忘记。只要有正确的支持和鼓励，事件的双方就都能得到帮助并健康地成长。

（10）打造安全、可信任的教室氛围

表面看起来霸凌影响的只是施暴者和受害者双方，

其实不然，霸凌会影响整个教室里的学生。对许多学生来说，即使他们不是被霸凌的对象，但目睹暴力，会使上学突然变成一件不安全的事，教室也突然成了充满痛苦的地方。这不仅影响了他们的情绪，也会干扰他们上课时的注意力和专注能力，所以，老师需要尽速重新建立教室的安全氛围。

近年来，由于美国校园枪击案频发，许多学校自发地组织、教导师生如何应对校园里发生枪击的预防演习，许多学校甚至为了提高老师和学生的危机意识和应变能力，演习前只有几个核心的管理层人员，和扮演枪击受害者的少数几位同学知道，结果因为演习太逼真，造成了很多师生的心理创伤。

有一所中学在演习后的短短两个星期内，突然出现很多学生因为肚子痛、头痛而请假在家，甚至不想再来学校上课的情况，学校只好延请校外心理治疗专家来学校给同学们做团体治疗，结果才发现原来是太逼真的演习所惹的祸。

有一位坚决不再到校、也坚决要求父母替她转学的女同学在团体治疗时哭着说：我看见一个拿着枪的蒙面人，朝着正准备进教室的Jenny的头上开了一枪，我那个时候真的很想冲出去救她，但是发现自己全身都动不了，所以看着她在走廊上倒下来。那个时候我真的好害怕，也真的好自责，生气自己为什么没有勇气去帮助我的好朋友。虽然后来我们知道那是学校的演习，但是我每天晚上都做噩梦，白天到学校时，也不敢经过Jenny被枪击的走廊，我觉得校园里随时都有可能冲出来一个拿着枪的蒙面人，所以不想再到学校上课了！

经过这位校外心理辅导专家的调查，全校有90%以上的学生都和这位女同学一样，有做噩梦、头晕头痛、感觉很不安全等应激反应，也有超过40%的学生想换一个学校读书。

虽然目睹霸凌比目睹一个同学当着自己的面被枪杀的恐惧程度不可同日而语，但由于霸凌的特性是持续而反复地进行的暴力行为，因此对目击者来说，也是一种持续进行的情绪创伤。所以，老师的事后干预工作，除了需要对全班学生进行安抚之外，同时也需要再次打造一个安全和友善的教室氛围。

以下是打造安全、友善教室氛围的几个简单的方法：

- 每天早上热情地问候每一位学生

找到一个足以让师生双方都开心和积极的理由，或哪怕只是一句充满了阳光能量的"早安"都行！每天早上老师的第一声招呼，意味着班级一整天的心情。我们都经历过求学生涯，都知道老师阳光灿烂的笑容或阴晴不定的脸色，会给自己当天带来什么样的"命运"！（其实对教学工作压力如此之大的老师来说，我们也需要用阳光灿烂的笑容来开启自己的一天！）

- 让学生有时间和我们分享对他来说很开心或重要的事

即使每天在课间休息时，只给3~5名学生留出一定的时间来分享他们的心情，和这几天发生的开心或不开心的事，也能帮助营造一个温暖、友善、愉悦的学习环境。因为它传递了老师对他们的关心，也为我们自己提供机会去了解每个学生的情况。

- 偶尔花点时间分享一些对我们来说很开心和很重要的事

和学生们分享自己的快乐和对自己重要的事，也是一个创建美好氛围和教导他们学会分享心情的好方法。分享的内容可以包括：今天早上牙牙学语的女儿迈出了她的第一步；昨天晚上看了一部剧情很棒、很感人的电影……通过分享，学生能够感受到我们是一个诚恳的、可以谈心的老师，也是一个和他们一样，在生活中会遇到喜怒哀乐的平凡人。（我还记得刚上小学一年级时，发现我的班主任"居然"和我一样也需要上洗手间时所受到的惊吓和崇拜崩塌！）当然，我们不需要每天都和学生们分享自己的感触，只是在有实际情况发生时分享就行了。

- 花点时间谈谈教室里的差异

生活中个人的多样性随处可见，孩子如果从很小的时候就能学习了解和接纳多样性，一定对他们将来的人际关系甚至领导能力有很大的助益。可以通过讨论不同的成长背景、体型、外貌形象、才艺、特长和弱点，以及让学生自己练习分享他们的优点和弱点，来进行这个学习。例如，我虽然跑得不快，但是我喜欢画画，也画得很好。而且，这些讨论和自我介绍都要从积极的角度和面向来进行。理解多样性是孩子们终身受益的技能，也能在课堂上建立信任和接纳。

- 把重点放在学生的优点上，来达成师生间双向的尊重

永远不要因为孩子不能做好某件事，或做不到某件事而击溃他的自信。花点时间来帮助他们发现自己的长项。当我们要求孩子展示或回应我们的要求时，一开始，一定要确保他们处在自己的舒适圈里，而且我们要求的是能强化他们擅长的事。例如，老师请一个钢琴弹得很好但十分害羞的孩子当着全班同学的面演奏一首曲子，就可以从他熟练到几乎闭着眼睛就能弹奏的曲子开始，这是让他留在不需要大步跨出的舒适圈里，也是他

可以游刃有余地表现的长项，经由这一次的成功，这个害羞的孩子就能一点一点地扩大自己的舒适圈，也能一步一步地敢于表现自己。

老师如果能对学生表现出欣赏和尊重，学生就不但能欣赏和尊重自己，也会学习到欣赏和尊重别人，其中也包括对老师的尊敬和仰望。我们都知道，一个人对自己的感觉越好，对他人的态度也就会越好。所以，即使学生在课堂上的回答问题或考试成绩不尽理想，我们在教导规劝时，也要留意态度应该是尊重的而不是不屑的。

与家长携手合作，增加家长对霸凌的敏锐度和正确反应

随着社交媒体的出现，霸凌已不再只是发生在校园里的行为，也不只是校园里特有的问题。从统计数字来看，霸凌行为从网络世界转移到校园里是很常见的现象，而从校园转移到网络世界也是一样。所以，家长和学校、老师之间的协同合作是绝对必要的。

邀请家长参与到学校的反霸凌计划中来,利用家长会、研讨会、论坛、社群媒体来宣导这个计划,并且寻求家长支持学校的反霸凌计划和干预行动,让家长在这个计划中扮演重要的角色。例如,对学校的反霸凌计划提供切实的建议,而且这个建议不仅是家长愿意共同努力去维护,也是切切实实能帮助到孩子们的。

另外,邀请家长在周末时间参与教室里反霸凌海报和标语的制作;邀请不同专业的家长为孩子们担任某些辅导工作;等等。这是建立"社区意识"的方法,让学校不再在反霸凌的工作上孤军奋战。

毫不讳言地说,很多学校都宣称对校园霸凌采取"零容忍"的态度,但也就是因为零容忍政策,反而让老师对某些介于霸凌和矛盾之间的行为,采取了"不作为"的选择,因为担心自己负责的班级有了污点。这并不是只有注重考试成绩的国内才有的现象。根据联合国反霸凌委员会的调查,这几乎是全世界的学校里都会发生的事。遗憾的是,也正是因为这种不愿意曝光的心理,助长了校园霸凌事件的发生。

霸凌行为在任何学校都可能发生,而且大多数的家长都认识到了这一点。只有学校和家长都能坦诚地承认它的存在，才是达成解决问题的第一步。

从学校应该负的责任来说，当家长发现孩子有可能遭遇霸凌或正在遭遇霸凌时，能确切地知道该向谁报告和求助；让家长明确地知道学校会采取什么样的措施来解决这个问题，以及家长能期待什么时候学校能采取行动。

从家长的责任来说，留意观察孩子每天在家里的表现；注意他的朋友圈动向有没有需要特别注意的地方；帮助孩子克服自己在人际关系上的困难；和其他学生家长维持友善和良好的互动关系；配合学校的所有政策。

我相信，所有的家长和学校工作人员都会同意，我们最终的目标是让每个孩子在学校里都感到安全和快乐，这样才能乐于学习。所以，为了孩子，我们一定可以搁置分歧，共同努力。

预防校园霸凌和处置霸凌是一条漫长和艰难的路，但也是帮助我们成为更好的教育者的途径之一。霸凌行为的发生，不仅影响了全班学生的学习表现，也干扰了学生们的学习动机和情绪，有些学生甚至会担心自己会不会成为霸凌者的下一个目标，而不敢再来上学。所以，在学生面前表达自己对霸凌的坚决处置态度，以及有效的处置方法，对学生来说是很重要的安全感来源，也是理应保护学生的我们老师责无旁贷的使命之一。

轻声地提醒您！老师也有可能成为霸凌的施暴者！

就像我的高中老师，为了督促我能考上好大学，但因为使用的语言和行为失当，却成为影响了我心理健康近四十年的霸凌者一样。老师也有可能出于好意，但却在无意和无心之间，成为和自己力量完全不对等的学生的霸凌施暴者。

前段时间在一场面对家长的研讨会上，一位受过高等教育的妈妈，描述了自己女儿在学校受到老师言语霸凌和被贴上错误标签的经过。

这位言谈举止大方得体、一看就是来自很有教养的家庭的母亲告诉我，她和也受过高等教育、也经历了竞争激烈的高考的先生两人，对女儿的教育持有一个共同的理念，那就是尽可能地在女儿上小学之前，不要让她接受任何和小学课本相关的学前培训。他们不让女儿学习小学课本，但却培养女儿涉猎各种题材的书籍；放假期间，也力所能及地带着女儿到各处旅行，扩展视野。

可是女儿上区重点小学的第一个星期，就遭遇到了巨大的挫折。原因是上学的第一天，老师问全班同学，是不是都上过学前班？已经学写字了吗？会不会汉语拼音？会不会10以内的加减法？女儿在几乎全班同学都举手的情况下，每一个问题都回答了"没有"和"不会"。

对有如此"失职"的家长感到不可思议甚至愤怒的老师，认定了这个学生的基础知识太差，于是在接下来一个星期的课堂上，总是严格尽责地盯着女儿的学习进度，但却控制不住自己烦躁的（或鄙夷的）情绪，对着刚上小学的孩子说：你的程度太差了！你的基础知识太差了！

因为父母的教育理念而不得不承受老师的指责、批评的6岁孩子，终于在受到一个星期的情绪折磨后，完全崩溃，放学回家哭着问妈妈："我是不是很笨，是不是很傻啊？！"这位好几次哽咽得无法继续说话的母亲告诉我，虽然她和先生花了很长时间来安慰女儿，也反复举例试图让女儿明白老师是因为关心她才这么说话，但看见女儿有好一阵子都缩着瘦瘦小小的肩膀，担惊受怕地去上学的样子，还是难过和自责得心如刀割……

我相信这位有知识、有教养的母亲告诉我的故事是真实的，但我也相信它绝对不会是绝大多数教室里的现状。据我从周围的朋友和同事们所述说的故事中知道，绝大多数老师对学生都和蔼可亲、循循善诱，即使对某个孩子的表现很失望，也都还努力地给予鼓励和支持。

但如同我在前文说过的，今天的老师所承受的压力要远远大于从前，而且这些压力不仅仅来自学生要面对的竞争激烈的考试制度，同时还有自己要面对的也同样竞争激烈的晋升考核制度。此外，老师也是别人的儿女、丈夫妻子、父亲母亲、兄弟姐妹，我们在生活中可能遇到的困顿，老师也一样会遇到。因此，要求老师面对学生时总是和颜悦色，完全没有情绪，几乎是不可能的事，也几乎是对人性的苛求。

但是即便如此，我相信，受过完整专业养成教育和培训，并立志为人师表的老师们，如果明白自己对年轻而心灵敏感的学生们具有动见观瞻的巨大影响力，就一定能做好自己的情绪管理，约束自己的言行，成为学生爱戴和永远感怀的好老师。

以下，请容许我再絮叨地提醒老师们几件要留意的事：

第一，即使您更欣赏某位表现优秀的好学生，也请尽可能不要显露出来。

不要什么事都交代他去做，不要只选择他代表班级参加活动，不要只对着他表露出嘉许的笑容。就像我一再强调的，即使是已经上高中的孩子，对象征权威的老师的一言一行，都还是非常脆弱敏感的，所以老师"最喜欢谁"，既是学生们之间彼此较量的元素，可能导致某位学生恃宠而骄，自以为优越可以欺负别人；也是影响学生们学习情绪，甚至演变为持续性精神霸凌的诱因。

第二，即使某位学生学习不好或冥顽不灵，也不能用损及人格的语言来羞辱他。

这是老师最不被允许的错误示范，就像有家暴行为的家长一样，绝对会摧毁孩子的身心健康，留下可能终其一生的阴影。尤其是，老师通常会在课堂上当着全班同学的面纠正学生所犯的错误，这就更剥夺了学生的自尊和自信，也可能间接导致被同学霸凌的后果。

有位说话有些口吃、父母都在建筑工地干粗活的初中学生，就因为老师的言语羞辱而坚决辍学，事情的起因却只是因为一次没有按时交出的科学作业。那天，老师当着全班同学的面训斥他：你爸妈已经是没有用的社会底层阶级了，你自己又有口吃的毛病，如果再不把学习当回事，你就等着当乞丐沿街讨饭吧！

第三，请控制自己的情绪，这是职场的道德规范，即使您是老师也必须遵守。

我在本书第一章对霸凌行为的定义中，就阐述过联合国反霸凌组织对霸凌的定义，那就是暴力行为是发生在两个具有不对等力量的个人之间，以及这个暴力行为是反复和持续进行的。

老师之于学生，代表的是力量的绝对上风，不但不对等，甚至完全失衡。而这个绝对的力量上风，很容易让握有它的人，一个不留神就沦为发泄怒气的合理工具，就像在工作中受挫的父亲，回家后以管教之名，用打骂孩子来宣泄情绪是一样的道理。

因此,建议老师们在遇到生活中不可避免发生的坏脾气时,请先暂时停下手中的教学工作,指定学生们在教室里自习某部分课程,然后到教室外平复一下躁动的情绪,在情绪稳定了之后再回到教室里。这个情绪管理的方法,不仅适用于办公室、全家人聚集的客厅,也适用于教室里!

为人师表,是一个如此崇高,也如此影响深远的工作。一位好老师,影响的不仅仅是一个班级里的几十位学生,还扩及几十位学生背后的几十个家庭,以及他们日后新成立家庭中的每一个成员。为此,我们向天下辛勤耕耘的老师们,致以最诚挚的敬意!

老师

是学生学习的引导者和校园生活的陪伴者

写给
父母

我相信,每一位家长发现自己的孩子在学校被霸凌时,都会经历一连串复杂的情绪过程。首先是震惊和愤怒;接着是心如刀割般的难过和疼痛;最后是不知所措的慌张,因为不知道应该怎么处理才能最好地保护孩子。

父母们心里都明白,对还没有能力独自去面对这个既可怕又痛苦的情境的孩子来说,我们不仅仅是他们心理上和情绪上的依靠,更应该是能运用智慧去解决问题的成年人。但遗憾的是,很多时候,我们的情绪反应和行为反应,不但没有帮助孩子解决每天都必须或有可能面对的困境,反而还更加剧了他们的艰难处境。

因此,父母的应对态度和解决问题的方法,对帮助孩子是否能身心健康地"扛过"霸凌是非常重要的。而且我们需要帮助孩子学会的,不仅仅是怎么勇敢地面对霸凌,更重要的是如何不成为霸凌者所瞄准的欺凌对象。

那么,我们应该怎么做呢?

一
成为孩子愿意说真话和可以投靠的人

在我多年的儿童心理辅导和对高中生的学校辅导经验中,我发现,最让自己扼腕和心疼的是,有些最后无法挽回的伤害其实是可以在最初发生时就阻止的,而没有阻止这些无法挽回的伤害的原因,往往是孩子的家长所造成的!

我在给家长们讲课时常说,当孩子在校园里或校园外遇到困难时,哪怕是已经成长为"小大人"的青少年,首先想到的一定都是回家寻求父母的帮助。但通常摆在他们面前的却是两扇通往不同结果的门:一扇门能通过亲子共同的努力来解决问题;另一扇门反而会回弹打在他们的脸上。这扇门板的回弹力道,可能来自父母的拒绝，可能来自父母的处理不当，总之，不但没有解决当下的困境，却反而增加了另一重的困难。于是，求助无门的孩子，就只能凭着自己还没有发育成熟的心智，不是任由事态继续发展变得更糟，就是问道于盲，寻求其他的反击途径。

因此，父母学会成为孩子愿意说真话和可以投靠的人，是帮助孩子解决问题最重要的第一步。

建立家人坦诚沟通的氛围

首先，我们要养成一个让孩子敢于和我们说真话的习惯，并且营造出一家人可以安全、坦诚沟通的氛围。

很多在学校里被霸凌的孩子回家后不敢告诉父母，原因是一旦父母知道了自己在学校被人欺负的真相以后，很有可能会在自己身心已经不堪负荷的情况下，再招来更多的麻烦，不但于事无补，反而会给自己带来更进一步的伤害，所以与其没事找挨骂，还不如隐忍下来。

问题是，当孩子遭遇了身心受创的霸凌却又不敢告诉我们时，一方面，这个霸凌的恶劣行径会继续进行，甚至变本加厉；另一方面，孩子的身心会持续地受到伤害，甚至达到无法挽回的地步；再一方面，孩子求助无门时，对父母的信任会崩塌，对自己的价值和认知也会崩塌。

很多时候，孩子回家来告诉我们在学校受到欺负时，家长可能会认为造成问题的原因是孩子自身的错，或认为孩子太娇气、不勇敢，夸大了事实，所以会在第一时间做出以下让孩子觉得不被理解、情绪被拒绝，甚至产生自我怀疑和自责的心理反应：

"同学为什么不欺负别人，就只欺负你呢？！"

"一定是你自己不合群，同学才不喜欢跟你在一起！"

"你做什么事情都是畏畏缩缩的，同学当然会欺负你！"

"你要是学习好，同学怎么会欺负你！"

"早就告诉你不要跟学习差的坏孩子在一起，你就是不听！"

"你是不是又在找借口,不想上学!"

"爸爸妈妈每天上班都已经够累了,你不要再给我们添乱了!"

"遇到问题就要自己想办法去解决,爸爸当年……"

"怎么不告诉老师呢?你就是太胆小,要去跟老师说呀!"

家长的这些回应都是在把求助的孩子从自己身边推开,把霸凌还可以被控制和截断的黄金时间的大门关上,会造成悔不当初的遗憾。因此,学会有智慧和有效率的应对方法,是家长必须要严肃对待的功课。

· 我们要接纳孩子当下的情绪,不管这个情绪是我们乐于见到的或不乐于见到的。

任何一个人,哪怕是成年人,当自己被欺凌时一定都会产生非常恐惧害怕和愤怒、难过的情绪。成年人通常有能力用比较压抑、隐晦的方式来处理它,但年龄尚小、情绪克制能力还没有发育成熟的孩子,却只能用哭泣来宣泄。

如果我们在孩子向我们哭诉时，贸然地阻止或指责他（尤其是告诫男孩不可以爱哭、不可以随便流眼泪），一来，孩子感觉到父母不能成为他在遇到困难时的依靠和支撑，以后就不会再想、也不会再敢跟我们说实话；二来，被硬生生压抑下来的情绪，在无处可走的情况下会转而寻找其他的管道来发泄，例如，有的孩子出现了精神恍惚，没办法专心上课听讲和记住老师交代的作业；有的孩子开始出现饭后习惯性的呕吐；有的孩子开始失眠或太早醒来；有的孩子会不停地、不由自主地眨眼睛等影响身心健康的问题。

所以，当孩子从外面带回来任何我们不喜欢看到的负面情绪的时候，父母一定要先把急着"管教"孩子的冲动按压下来，先张开双臂无条件地允许和接纳孩子的情绪，例如，让他在妈妈的怀里好好地痛哭一会儿；允许他回到自己的房间大哭一场；同意他到外面狠狠地踢球、摔球……总之，让他有足够的时间和足够的自由，把心里的痛苦、愤懑先倾倒出来，不让这些坏情绪闷在心里发酵，这样我们才能在他终于平静下来之后，好好地听他想告诉我们什么。

· 听孩子说，不要急着马上下结论或下指导棋。

孩子从学校回来，一定需要鼓起勇气才敢告诉我们被霸凌的事实，所以他在陈述被霸凌过程的时候，可能会结结巴巴支支吾吾；可能会不说重点绕来绕去；可能会像挤牙膏一样一点一点地吐实情，这个时候父母一定要按捺住焦躁的心情，专心、耐心地听他说话，给他充分的时间来慢慢增强说出真相的勇气。

我们除了不要打断或催促他快说，还要学会克制自己不断章取义骤下结论。很多家长告诉我，我们一直都很有耐心听他说话，也没有断章取义呀！但当我单独面对孩子的时候，孩子则委屈地说，怎么会没有呢！我从他们的眼神和脸上的表情就知道他们在忍耐，也知道他们根本不相信我说的话。

从人际沟通的角度来说，沟通双方所感受到的情绪不仅仅来自语言本身，眼神、面部表情、肢体动作，更是对方能捕捉到的弦外之音。所以，家长需要学习的不是"忍耐",而是"真正在乎"孩子的说话内容,因为这种有建设性的倾听,能传递给孩子几个信号:一是我们在乎他说的话和任何心理感受;二是我们相信他所陈述的事实;三是我们信任他能做出适当的判断。

其实,这种有建设性的倾听,不仅仅适用于孩子在学校受到霸凌时,也适用于所有的亲子沟通上。有很多家长跟我抱怨孩子不愿意和他们沟通,回到家就窝在自己的房间里,对父母任何关心的问话都是应付性的、简短的一两个字来回答。其实,究其原因,这个不愿意沟通的情况跟家长所创造出来的沟通模式有关。让我们回想孩子小的时候,哪一个不都是围着妈妈身边转,成天喊着妈妈、妈妈,什么芝麻蒜皮的事都想跟妈妈说?可是,等到孩子开始学习了,他们为什么突然就不再妈妈、妈妈地喊了呢?

原因除了是因为孩子开始有了隐私的意识,不愿意什么都和家长说之外,最重要的是,因为爸爸妈妈已经不再像从前那样温暖慈爱地接纳"我"所说的话,他们开始急躁、焦虑地指导、纠正"我"说的话,甚至还不分青红皂白地扭曲"我"的意思,所以"我"干脆就不再跟他们说太多话，免得自找麻烦！

· 孩子向我们陈述被霸凌的事实时，我们要控制自己的情绪，并传递"别怕！爸妈在这里！"的支持信号。

任何父母听见孩子在外面被人欺负，一定都是震惊、愤怒和心疼的，我们很可能会立刻跳起来又生气、又焦急地询问详细的情况，也可能会愤怒地想立刻拿起手机给老师打电话，这些很难避免的情绪不但于事无补，也可能会吓到孩子。最好的方法是，先想办法控制住我们自己即将爆发的情绪，关切但平静地坐在孩子的身边，搂着他或握着他的手，用肢体语言让他知道我们就在这里，我们会有办法解决问题和保护他，然后倾听他说话。

神经医学专家早就发现，人类的皮肤细胞具有超强的记忆力，这些储存了超多生命记忆的皮肤细胞，能记住双脚第一次踏进海水里时的清凉畅快、记住严寒的冬夜推门进入温暖室内时的身心放松、记住孩提时被妈妈拥在怀里的舒适安全……这些记忆能滋养我们面对生活挫败时的心灵匮乏，唤起曾经富足美好的快乐时光，当然，也能因为记住了爸爸的大手掌落在屁股上的疼痛，而不再调皮捣蛋。

所以，当孩子受到了霸凌而恐惧害怕时，一定会渴望得到曾经被爸爸妈妈拥入怀中的温暖和安全感的滋养，此时，我们拥抱、搂着他的肩，或哪怕只是紧紧握着他的手，就都能成为唤醒皮肤细胞美好记忆的铃声，并同时给予他面对挑战的勇气。

倾听孩子的意见

当孩子说出了在学校的遭遇之后，接下来我们要做的事就是和他一起讨论，倾听他的意见，明白我们该如何来帮助他。

根据我自己多年辅导被霸凌孩子的经验，这个部分是他们最害怕也感觉最不可控的，所以也是阻止他们不敢和家长说出真相的重要原因。他们害怕：

（1）家长到学校歇斯底里地骂人，不但丢人现眼，也夺去了他在同学面前本来就已经不高的自尊。

我们在新闻里常看到这种让人心碎的视频，两个大人在商场或游乐园等公共场合，为了孩子发了疯似的扭打成一团，站在一边的孩子不是被吓得哇哇大哭，就是羞愧地不知所措。

我曾经辅导过一个刚升上初中二年级、却屡屡逃学的男孩，他原来的学习成绩都在班上前十名以内，尤其喜欢物理化学，可是不知道因为什么原因，暑假之后他突然就出现了厌学的情绪，明明早上背了书包出家门上学，可是家长却总是接到学校老师的电话，说他今天根本没有到学校上课。

经过好几个星期的心理辅导会谈，这个原本脸上毫无表情的男孩才带着一脸的愤怒和嫌恶告诉我事情的原委。原来，初一下学期学校开始放暑假的那天，他妈妈开车到学校来接他，当时学校门前车流量很大非常拥挤，他又正好为了确认老师发的暑假作业和同学多说了一会儿话，耽误了出校门的时间。结果为了抢占离校门口不远的一个车位，他妈妈的车和另一位家长的车发生了剐蹭，当他和同学一起提着重重的书包走出校门时，就看见妈妈和那位男性家长正气势汹汹地互相指责，甚至还动了手。

当时学校门口挤满了学生，许多人和车都停了下来看热闹，非但没有人出面劝架，大家反而还兴致勃勃地观看这一出好戏。当时他立刻就觉得自己的脸红得发烫，恨不得找个地洞钻进去躲起来，也真想不管妈妈了自己走开。可是他看双方的冲突越来越激烈，马路对面的交警也走过来出手干预了，因为怕妈妈真有什么事或受到伤害，他只好硬着头皮在众目睽睽下走过去，把妈妈从冲突中硬是给拉开塞进了车里。

没有想到这一幕闹剧被同学用手机给录了下来，截取的片段正好是他妈妈披散着头发、穿着裙子、抬着腿飞踢对方的画面。不怀好意的同学把这段视频上传到了网上，也在同学的微信群里做了很多可笑但极其恶意的表情包。他知道，同学们那天晚上都在各自的小圈子里八卦这是谁的妈妈，也明白自己已经成为同学们的笑柄和嘲弄的对象。整个暑假期间他常常觉得自己莫名其妙地想吐，晚上也翻来覆去地睡不着觉，看见课本就想把它们全部撕烂丢掉……

这个可怜的男孩最后还是因为旷课太多被学校劝退，白天常常背着书包躲在快餐店的他被愤怒的爸爸给送进了汽车修理技校，原本阳光明媚的青春少年时光，随之变成了苦闷晦涩的日子。

(2) 家长盛气凌人地到学校找老师，并斥责霸凌孩子的同学。

这可能是许多家长在发现自己的孩子被霸凌后会采取的举措。乍听之下，这个举措也许没有什么错误之处，本来家长就应该是孩子的靠山，在孩子受到威胁和身心攻击时尽速出面为孩子抵挡和解决困难。但问题是，家长责问了老师和斥责了同学之后，要独自承担后果的却是孩子自己。

尤其是许多霸凌者本身在家就是个被家长霸凌或虐待的孩子，当他在学校当着众人的面被其他孩子的家长教训斥责时，原本隐藏得很好并压抑在内心深处的怒火和疼痛，就会像往油罐里丢了一个火种一样，一发不可收拾地爆发出来。此时，原来就被他霸凌的孩子自然就成了他泄愤的对象，只是与之前不同的是，这次的霸凌更充满了恼羞成怒的火焰。

除了激怒了霸凌者之外，老师的心理和情绪反应也是一个需要被关注的问题。被盛气凌人的家长在众多同事或甚至学生面前责问，老师的面子一定挂不住，也一定非常难堪，如果这事还惊动了校方管理层，老师的处境就会更加艰难。因此可想而知的是，当气呼呼的家长离开学校之后，本来就胆小孤独的孩子，在教室里、教室外就会是多么的难以生存了。

在这里我并不是指责老师对学生的安全漠不关心，或暗示老师只喜欢家长逢迎巴结，但实事求是地说，面对一班几十个学生和繁重的备课教课负担，老师即使愿意，也不可能有时间和精力像探头一样紧跟着每一个孩子的活动足迹。所以，理性地和老师沟通配合要远远好过情绪化的指责，尤其是老师拥有多年的教学经验，也了解自己班上的学生，一定会比家长能找出更好的解决问题的方法。

（3）家长逼着孩子勇敢地去反抗霸凌者。

如果孩子在学校里只是遭遇了恶作剧、言语霸凌或被孤立的霸凌，家长也许还可以试着去激发他们自我保护的潜能和培养面对困难的勇气，但如果霸凌的性质已经上升到对身体的伤害，那就绝对不可以只是让孩子自己去面对和对抗了。

我们从许多新闻报道中都能看到，肢体霸凌会从一开始只是简单的推搡上升到拳打脚踢有很高的概率，最后甚至失控到置人于死。而且，霸凌者往往会选择校园里老师看不见的偏僻角落，聚众欺负弱小的同学。因此，如果孩子回家来身上总是出现不明原因的伤痕，家长就一定不能轻忽，不能只是责怪他在学校淘气闹事，不够勇敢，或在家帮他打气，让他自己去对抗霸凌者。

我处理过最让人心痛的案例是一个才刚满13岁的女孩。她因为个子纤细高挑，发育得又比同龄女孩早，所以在同年级的女同学当中显得特别亮眼出众。刚开始那几个看她不顺眼的女同学欺负她的时候，只是用恶劣的语言来讥讽她，可一次两次见她逆来顺受的可怜样子后，一个比较大胆的女同学就开始用手肘来用力撞击她的胸部。接着，霸凌很快升级到了严重的肢体伤害，出事前最严重的一次是，两个女同学一左一右架着她，另外三个女同学分别掌掴她几十次，并轮流用一本厚厚的硬皮书捶击她的胸部。

当这位身心俱创、痛苦不堪的孩子留下遗书终于决定从学校顶楼阳台一跃而下后，我们很疑惑地（也竭力控制着愤怒地）质问眼前泣不成声的家长，为什么会让情况失控到这个地步呢？难道家长没有发现孩子从学校回家时脸上、身上的伤痕吗？

常常不在家（但却责无旁贷）的爸爸用愤怒而冷漠的眼神看着"失职"的妈妈，已经崩溃的妈妈则趴在地下大哭着说：她从小就是这样，只要不想上学就跟她爸爸耍赖装病，她爸爸总是不在家，我以为她就是故意把自己弄成这样来骗她爸爸多回家啊！

(4) 没有安慰和支持，只换得了打骂，因为千错万错都是我自己的错！

我们一定非常不能理解，为什么有些家长知道了孩子在外面受了欺负后,不但不安慰保护孩子,反而还会打骂孩子。这到底是出于什么样的心理呢?

从人格心理学的角度来说,孩子是映射我们一生的镜子,也是丈量我们成功与否的度量衡。

我们可能从孩子身上看见了自己的成就和自尊;可能从孩子身上看见了自己的懦弱和失败;也可能从孩子的疼痛中感受到了自己曾经的疼痛。

很多成年人曾有过不堪回首的童年,其中有可能是被父母或老师经常性地毒打、责骂,有可能是被学校的"小霸王"长时间地欺凌,甚至有可能这些怯懦的性格和记忆导致现在还正在被公司的同事欺负……所以,当他们从孩子身上看见曾经瑟瑟发抖蜷缩在墙角的自己、看见孩子正在重蹈自己的覆辙时,那种极度的挫败感所带来的愤怒就会排山倒海而来。但问题是,他们在年幼时就不知道该如何去面对的恐惧,到了即使已经长大成人的今天,却仍然还是不知道。因此,只能对无力还击的孩子下手,以此来消化和掩饰自己的挫败、恐惧和刻骨铭心的疼痛。

人类的心脏是一个复杂的机器,它既是能让全身血液得以匀速流动的泵浦，也是能感受细微情绪的脏器。上面所描述的情况听起来让人无法想象，甚至十分变态，但它确实是许多下手残忍、毒打孩子的父母的真实心理境况。当然，并不是所有会体罚孩子的家长都有心理问题，但一发怒就变得毫无理性的家长确实是有需要被专业帮助的严重心理问题的。

但是对不明就里的孩子来说，这是把唯一能帮助他们的求救大门关上，同时也扭曲了他们对自己的认知："原来我就是应该被霸凌！""原来我就是不值得被善待！""原来是我自取其辱！"因为就连"我"最应该信任的父母，都觉得"我"应该被打，那"我"就没有什么可说的了！

于是他们可能转而虐待比自己更弱小的小动物；可能加入和寻求帮派的保护并开始结党欺负同学；可能躲在家里沉迷于电竞中以获得虚构的勇敢；或干脆在别人还没来得及真正伤害自己之前，就先自残以填补内心对疼痛的扭曲需求。另外，我们也知道许多出现在社会新闻中的反社会人格罪犯，很多人都是在童年遭受到同学和父母双重霸凌的可怜孩子。

一起找到最好的解决方法

当孩子信任我们、愿意把在学校所遭受到的霸凌全盘托出时，我们在接纳他/她的情绪、温暖的拥抱和专心冷静的倾听之后，接下来要做的事是理性地和孩子一起讨论找出解决问题的方法。我们一定要记得，孩子是被霸凌的当事者，只有他/她最清楚面对的是什么人和什么情境，以及家长所采取的各种应对举措可能给他/她带来的后果。所以我们不能自以为是，一定要听听孩子的意见和想法，然后再总结出可以采取的方法。

很多时候，孩子所提出的意见是坚决地想转学，想换一个学校就读。遇到这种情形时，我们不要先入为主地认为孩子是在逃避，我们可以告诉他/她这是可行的解决方法之一（先接纳他），让他/她先安下心来，不用着急地因为被拒绝而以为我们不明白事情的严重性。

接下来，我们把可以处理的方法在一张纸上罗列出来，例如：

第一个方法是：转学；

第二个方法是：爸爸妈妈陪着孩子一起在放学后到办公室找老师，请老师帮忙给换一个班级；

第三个方法是：以后家里的某一个大人每天放学时都去校门口接孩子回家；

第四个方法是：每堂下课都和一个或几个比较要好的同学在一起，不要单独行动；

第五个方法是：妈妈给欺负他的同学妈妈发私信，约他们一起出来吃饭聊天；

第六个方法是……

把这些方法都在纸上罗列出来的好处和原因是，它能帮助我们，包括父母和孩子本身，都能暂时从激动的情绪中抽离出来，从理性的角度来思考这个问题，同时用沙盘推演的方法来找出最适合当下实际情况的解决之道。

我们可以在白纸上画出一个表格，并填写如下表格：

	方法	优点	缺点	实行方法
1	转学			
2	妈妈或爸爸陪着他一起在放学后到办公室找老师，请老师帮忙给换一个班级			
3	以后家里的某一个大人每天放学时都去校门口接他回家			
4	每堂下课都和一个或几个比较要好的同学在一起，不要单独行动			
5	妈妈给欺负他的同学妈妈发私信，约他们一起出来吃饭聊天			
6	……			

制作这个表格时的注意事项是：

• 把孩子最希望的"转学"放在第一个选项里，目的是让他明白我们充分理解他的处境，也重视他的想法，所以他不需要再用情绪化和抵抗的态度来继续接下来的讨论。

• 每一个选项都必须着眼于立即解决当下的困难，所以不要把"锻炼身体""学习拳击""多交朋友"……很重要、但却缓不济急的方法填进选项中。

• 鼓励孩子多提出他们自己认为有效的解决方法，而且只要是他们提出来了，不管多么不切实际、不可行，我们都要认真地把它填上去。很多时候，孩子提出来的方法代表了他们认为自己做得到，所以我们要认真地思考，说不定就能激发出最好的结论。

• 在填写每一个选项的优点、缺点时，必须鼓励孩子自己来说，大人只能作为协助和补充的角色，因为这样才能从理性上说服他们去实行和克服困难。

• 不管当天有多晚，或多累了，都要得出明天就能立即实行的结论，哪怕孩子请一天病假不去上学都是值得的。尤其是当孩子确实有了被肢体霸凌的情况时，我们更不能冒险让他们继续暴露在可能失控的伤害之下。

我的建议是，如果得出的结论是家长在放学后先去学校找老师了解情况和说明事实，那么在现实条件允许的情况下，最好是爸爸妈妈一起同行，因为这样既能传递家长看待这个问题的严肃态度，也能彼此制约，不要让原意应该是理性的讨论演变成情绪性的攻击，反而坏了解决问题的初衷。

在孩子被霸凌的事件中，我们的心思一般都会放在受欺负的宝贝孩子身上，却往往忽略了家长本身的情绪也会受到非常大的伤害。我们可能会怀疑自己哪里做得不够好？是不是没有办法保护孩子的不合格家长？为了发泄无处可走的愤怒和找到一个可以怪罪的人来消化自己的自责，我们也可能会把矛头指向不常陪伴或工作忙碌的配偶。因此，在处理孩子被霸凌的问题时，夫妻双方一定要同心协力，彼此安慰打气，这样才不会在一个问题还没有解决之前，又叠加上了另一个问题。

被霸凌不是孩子的错！

最后，一定要让孩子明白，被霸凌，不是他的错！这是家长处理孩子在学校被霸凌时，一定要做到的事。

从美国社会心理学家埃里克森所提出的心理社会发展八阶段理论的进程来看,孩子从3~6岁开始,会发展出"内疚"的心理特征和冲突;6~12岁则发展出"自卑"的心理特征和冲突。例如,爸爸妈妈大声吵架,导致爸爸不再回家,孩子的小小心灵会认为:"因为我不乖,所以爸爸生气不要我了!"才吃了一口的冰激凌,手一滑,不小心掉到地上了,孩子大哭跺脚的原因是生自己的气:"我好笨,所以没拿好!"但家长会以为他没吃着冰激凌,不讲理哭闹,所以斥责他:是你自己不小心,怪谁呀!别哭了!

孩子在学校之所以被霸凌者挑选为欺凌的对象,除了客观环境的因素之外,例如刚转到一个新的学校;也有可能会有一些性格上的原因,如比较内向安静,所以在被霸道的孩子欺负后,很有可能会转而攻击自己,认为是自己的原因才造成被霸凌的后果。这种自责积累到一定的程度后,就会成为他/她自我认知的标签,认为自己在今后的日子里,注定是个样样不如别人、会被人欺负的弱者。更让人担忧的是,这个自我价值感低落的标签，会阻止他/她去尝试竞争，但凡遇到需要努力争取的事，就会往后退缩。

所以我们花时间和孩子一起做好解决问题之道的决定后，接下来就一定要在孩子感觉安全、情绪也已经平稳后（最好是精神很好的第二天早上），问他几个问题：

- 你认为他/他们为什么会欺负你？
- 你觉得自己有哪些地方做错了吗？
- 下次再遇到相同的情况时，你觉得能做些什么来躲开他/他们呢？
- 你觉得欺负你的同学是不是也有什么需要被帮助的问题呢？

这些问题不是质问，也不是在家长和孩子都正情绪激动的时候问，这几个问题的目的是：能帮助孩子和家长整理出引发霸凌的诱因，为接下来的预防训练做准备；更重要的是，让孩子明白，霸凌他的同学并不比他勇敢或强壮。

我们可以分析霸凌者的心理动因和行为背后的可能

原因给孩子听,帮助他们从可怜兮兮的"被霸凌者"的弱势角色,转换为拥有幸福感的"帮助者"的强势思维高度,从根本上建立起他们的自信心和面对挑战时的勇气。

临床心理学家们都同意,有相当高比例的霸凌者本身就有被长期家暴的问题。从小,他们在家就动辄被有情绪管理问题或诸如酗酒问题的成年人虐待,尤其是身体上的虐待,因此,他们只学会了暴力是唯一能应付问题的方法,也学会了用暴力来发泄如火山喷发的愤怒。当他们挑选霸凌对象时,往往把这个无辜的对象想象成霸凌他的成年人,因此在幻想着自己正在痛打那个虐待他、但现实生活中他又无力还手的成年人的扭曲心理下,下手越来越重,也越来越不能控制自己像雨点般落下的拳头。

这些被家暴的孩子的自尊心和自我价值感都非常非常低落,也极度缺乏对世界的信任和安全感。想想看,本来应该宝贝、呵护引领他们认识世界的养育者,却成为伤害他们的施暴者,这种信任的摧毁和被背叛的痛苦,是任何一个年轻的孩子都没有办法承受的,也是能剥夺一颗原本善良的幼小心灵的黑暗力量。

我们让孩子明白这些事实的目的，不是让他明天就以一个拯救者的姿态去帮助霸凌他的同学，最重要的目的是赶走他的自责、建立起强大的内心，知道自己拥有保护他/她和爱他/她的爸爸妈妈，以及随时可以奔赴、投靠的胸膛。这种强大的内心力量，及明白"哦！原来他才是那个被暴力侵凌的可怜受害者"，能帮助孩子建立勇气，不再动辄成为被霸凌者挑选的对象。

最后，对孩子来说非常关键的支持是，告诉他们，被同学欺负时感到害怕并不是丢脸或羞耻的事，这是任何对别人没有攻击性的人都会有的正常反应，哪怕是爸爸妈妈也是一样。所以下次遇到被挑衅或欺负时，只要走开，或告诉老师，寻求大人的帮助就可以了。

二
如何预防孩子成为被霸凌的对象

每个孩子都有可能在一生中遇到艰困的人际交往时刻，它可能发生在校园里，可能发生在职场上，可能发生在恋爱关系中，也可能发生在与邻里的相处上。对于这些我们由于因缘际会而遇到的人际困顿，如果因随机而能完全避免，那就是纯粹的幸运；可是如果能够因事先做好预防工作而成熟地应对，那就是有智慧的幸福了！

如同全世界的教育专家在分析霸凌原因时所说的，那些容易遭到霸凌的孩子，除了可能有一些客观的环境因素之外，大体都有一些共同的性格特征，例如敏感害羞、安静内向或身体瘦弱。因此，家长如果能在孩子进入学校这个微型的社会之初，就帮助他们学会适应社会和拥有处理人际关系的能力,就可以事先预防被霸凌的可能性。而且,即使这些预防性的训练不是为了被霸凌而准备,也会是他将来步入社会后,有智慧地处理人际关系的资产。

因此,以下几件事,是父母们未雨绸缪、智慧地帮助孩子避免遇到霸凌而需要做的事:

永远不要对孩子失望

网络上"别人家的孩子"的段子,看似诙谐幽默,但很多时候确实反映了家长的真实心情。身为父母,我们当然无条件地爱自己的孩子,但有时却真的很难克制自己对孩子的缺点感到失望和焦虑的情绪。我们既希望他们健康快乐地成长,又衷心地期望他们有光明、成功的前程,因此在两边拉锯的心情下,我们一方面开心地享受着为人父母的幸福,另一方面却也经历了各种忧心和沮丧。

作为在医院工作了多年的临床心理治疗师,以及为高中学校辅导老师做培训的专业心理咨询师,我每一次在课堂上给台下的家长们上亲子教育课程时,一定会向家长们强调：孩子所拥有的人格特质，例如有的孩子活泼外向、勇于尝试，有的孩子安静内向、谋定而后动，这些都是与生俱来的，和遗传基因、表观遗传、胚胎在母体中的成长环境甚至婴儿时期的养育环境有关。它并不是孩子自己的选择，也不是故意逆反或顽皮捣蛋，而且最重要的是，它既没有好坏之分，也和是否优秀无关。

由于我是个在英国接受过专业养成训练的芳香疗法治疗师，工作中也经常用精油来辅助我的临床心理治疗，所以我总是用同样生长在大自然中的植物来比喻每个人的人格特质，以便帮助家长们更容易理解这个概念。

在芳香疗法中所使用的"精油"是一种储存在植物"油腺细胞"里的天然油脂，又被称为是植物的血液或灵魂及植物的性格特质。油腺细胞依植物的品种和生长环境的不同而分布在不同的部位。有的在鲜艳娇嫩的花瓣里；有的在细小但生命力强大的种子里；有的在埋于地下的根茎里；有的在巍然直立的树干中……

现在让我们看看用这些表现了植物性格特质的精油，来比拟人类的人格特质时，会不会让您更容易理解人格特质这个"与生俱来"的概念。

我们先把小种子和小根茎放在一起说明比较：

比拟植物性格特质表1：种子与根茎

部位	特质	可以放大的优点	需要耐心关注的部分
种子	非常微小轻盈，只要轻轻一吹，就能飞得很高很远。 不管落在哪里，不管是肥沃的土壤或坚硬的岩石缝中，都能生根、发芽长出植物来	强大的生命力。 很聪明，只要给予的土壤足够肥沃，就能发挥无限的想象力和创意。 虽然微小、易感，但却十分独立，有勇气，敢于冒险	只要一点点的小风飘过就能把他吹得老远，所以注意力比较不集中，容易分心，坐不住。 易感的特质，让他容易捕捉别人的情绪而让自己受到伤害
根茎	安安静静地埋在土壤里，需要十几级的大风，才能把它从地里拔出来。 是植物沟通、通信和汲取生命智慧的途径	专注力强，能维持比较长的注意力集中时间。 能从容而安静地思考，不急躁。 乖巧，善解人意，不强出头，不惹事	固执己见，很难被说服和放弃自己的想法。 舒适圈较小，不太愿意改变，也不太愿意尝试新的事物。 息事宁人，害怕冲突

我们再来看看小花和树干的比较：

比拟植物性格特质表 2：小花和树干

部位	特质	可以放大的优点	需要耐心关注的部分
花瓣	植物最鲜艳和吸引人的部分，拥有美丽的外表和讨人喜欢的性格	喜欢整洁、注重外表，因此讨人喜欢。不害怕站在人前，愿意站在舞台中央展现自己。拥有对艺术和美的天赋和追求	寻求关注，希望自己是众人的注意焦点。自我中心，关心自己超过关心别人，有可能表现出自私的弱点
花瓣	看似娇弱但性格坚强。深秋时，当树叶都已经枯黄掉落的时候，许多花朵仍然在枯枝上伫立	外表柔弱，但内心强大，只要目标确立了，就会勇敢地去追寻	善于运用自己的长项，例如美丽，来操纵别人

续表

部位	特质	可以放大的优点	需要耐心关注的部分
树干	是植物最坚强和强壮的部分。承载了植物所有的部分,花朵、叶片、种子、果实、根茎等都需要依附它才能生长和存活	意志力坚强,有勇气。有责任感,愿意承担责任,也愿意负责任。有与生俱来的领导统御能力。既有能力照顾别人,也愿意照顾别人	因为能力强,所以霸道,喜欢掌控别人和掌控局面。喜欢教训人(自古以来,木棍都是教训人的工具!)。脾气比较暴躁,比较容易发怒

现在,您是不是更明白人格特质的意义了?每一个人格特质都有它的长项和弱项,重要的是如何"强化长项"和"弱化缺点"。我们就拿活泼机灵的小种子来说,父母不要只盯着他们的注意力不集中和坐不住,以为他们就是没把心思放在学习上,故意捣乱淘气。我们可以不动怒,平心静气地制定一个增强注意力集中的方法,但与此同时又鼓励他们发挥自己在创意和独立性上的优

势，例如，只要是学习时坐不住了，他们就能先做一会儿喜欢的手工或画画，帮助他们经由有兴趣并能发挥长项的活动，来拉长专注的时间和能力。

请相信我，小种子如果能熬过或扛住总是被家长气呼呼地压在书桌前的小学时光，等到上了中学，进入青少年期，能自己控制住体内上蹿下跳的无穷精力后，家长就会看见他们开始绽放光芒，成为一个拥有独立思考能力、勇于创新、善于思辨、学习成绩突飞猛进的"别人家的孩子"了！

所以，父母给予孩子最好的礼物，就是通过"理解"来找到最适当以及孩子最需要的养育方法，因为唯有真正地理解了，我们才不会在教养孩子的过程中由于挫折而动怒，也才能在掌握了人格特质后，更好地因材施教。

另外，不管是哪一种人格特质的孩子，对父母的情绪反应都非常敏感。他们能从父母的神情、肢体动作、身体的温度以及家庭成员互动的氛围中，感受到父母对他的认可或失望。这些情绪的隐喻，要比语言更具有威力，也更具有影响孩子对自我的看法和是否相信自己的能力。

因此，在训练孩子能保护自己之前，我们一定要以身作则，让孩子从我们身上看到一个情绪稳定和成熟的成年人是怎样直面问题和处理问题的。同时，也要让孩子充分地感受到我们对他的信任、欣赏、支持和无条件的爱，因为这才是帮助他避免被霸凌最好的内在力量。

帮助孩子学会交朋友

根据全世界教育心理学家的统计，"没有朋友的孤独孩子"是在学校里遭受肢体霸凌的首要群体（其实，在复杂而竞争激烈的"办公室政治"中，孤独的成年人不也是一样?!），如同我在前面的章节中曾经分析过的，在学校里会霸凌同学的混世霸王，其实有相当大的比例是家暴的受害者，他们看起来无所畏惧，怒气冲天，其实都是掩饰他外强中干的假面具，这一点，从他们总是成群结党地欺负人就可以看得出来。

这些外强中干、自己已然伤痕累累的领头者和只会依附权威、狐假虎威的跟随者，在挑选下手的对象时，一定不敢去挑战势均力敌的对手，因此，总是独自一人、去哪儿都落单的内向害羞的孩子就成为他们最好欺负的"软柿子"。

所以,一步一步、循序渐进地帮助孩子学会交朋友,在学校里拥有一起读书、课间一起在操场上游戏踢球的好朋友,就是孩子最重要的"群众武装"之一。

训练方法如下:

(1) 第一步,作为小主人,先为聚会做好计划

由于奶奶在中台湾彰化县的小学里担任教导主任,所以我儿子5岁时就提前在奶奶任教的学校上了小学一年级。一年后,我们把才6岁多的他接回了台北,转学进了台北一所颇负盛名的私立小学就读二年级。在广阔的乡下自由奔跑惯了的儿子,又黑又胖,嗓门也大,还说着带些台湾腔的普通话,在那些斯斯文文、白白净净、在城市里长大的同学中,显得特别格格不入。有一天,儿子放学回来很难过地告诉我,新学校的同学跟他玩的东西都不一样,所以课间休息时都不喜欢跟他在一起玩,今天他甚至还被一个同学向老师告状,说他爱说粗话。

我当时听了非常心疼,也立刻知道要尽快帮助他渡过这个难关。于是,当天晚上在餐桌上就拉着他爸爸和他一起开了一个家庭会议。会议中我们决定要儿子作为小主人,由他来举办一个聚会,并由他来决定该请哪些小朋友。后来,那次的聚会办得很成功,儿子也慢慢地恢复成了原来那个很爱耍宝说笑、很有自信的小男孩。(整个二年级,人高马大的他都自告奋勇负责在午餐时和另一位男同学去厨房抬汤桶,有一次他们俩没有平衡好,把整个汤桶翻倒在走廊的地上,我问他,老师和同学们生你的气了吗?他笑嘻嘻地说,没有,大家都很高兴那天终于可以不喝汤了!)

自从那次的聚会之后,我们每年都一定会在他的生日、周末或选一个暑假期间的周末,训练他做小主人,由他自己请小朋友到家里来玩(我随后再和受邀小朋友的家长联系,得到他们的同意并安排接送事宜)。不怕读者朋友们笑话,我当时的目的倒不是因为怕他被霸凌,而是为了培养他拥有领导组织的能力。我的努力后来确实收到了成效,他从小学三年级开始每学年都当班长,刚上小学五年级,就已经是带领全校上学、放学列队的"总指挥官",还竞选过台北市的小市长(最后不幸落败!输给了一个又漂亮、又聪明的邻校女生。呵呵!)。

对孩子进行交朋友的训练,要从第一步"计划活动"开始。家长可以事先准备好如下几张表格,但要谨记的是,只能从旁协助和被征询意见,因为填写内容和思考答案都需要孩子自己来做。另外,这些表格看起来也许繁杂琐碎,但对于害羞的孩子来说却是很重要的,因为有些我们看似既简单又轻而易举的事,对他们来说却恰恰是最容易引发恐惧和最难开始的事。

而且,从练习这些表格的过程中,对孩子的教养也有几方面的好处:

• 一是获得"掌控感"。这是内向害羞的他/她在人群中感到手足无措时,首先被剥夺的正向情绪,而且这个积极的情绪是他日后进入职场时一定会需要用到的能力。我们通过训练(什么时间举行、决定谁能来、怎么邀请、玩些什么……),目的就是让他/她感受到,并且知道自己是可以"做决定"和"有掌控权力"的。

- 二是获得"成就感"。当孩子在家长的帮助下完成了一步一步、拆解开来的筹备工作,就会发现主动交朋友并没有想象中的那么可怕、那么困难。如果再加上之后成功地举办了聚会,那么一次次积累叠加的成就动机,就是他们跨出舒适圈的勇气,也是在他们手中握着的那把能打开良好人际交往的金钥匙。

- 三是学会"计划性作为"。先抛开孩子交朋友的能力不谈,任何一个学生如果懂得计划性作为,就都能在制定学习计划和准备应考时得到非常大的助益。回到对孩子交朋友的训练上,计划性作为是一种理性的、逻辑性的左脑思维方式,它能通过表格和条例,把思绪从情绪既纷杂又上蹿下跳的右脑中拉回到情绪可控的左脑上,这对被"想象中的恐惧"所绑架、制约的胆小孩子来说,是一个非常重要而关键的认知行为训练方法。

- 四是能很骄傲和开心地和父母一起完成整个筹备计划并执行它。这是很棒的也很有用的亲子互动方式,能帮助家长在快乐的氛围中,解除双方的压力,并"不动声色"地了解孩子的内心世界和他们正在经历的真实感受。我们需要准备的几张表格和条例是:

我的生日聚会：第一张计划表

事项	主题	日期和时间	优点	缺点
一	我想在哪一天举办聚会？	1. 2. 3.		
结论				

我的生日聚会：第二张计划表

事项	主题	地点	优点	缺点
二	聚会的举办地点			
结论				

备注：

我再提醒一下，填写上面这两个表格的主要负责人是孩子，不是家长，所以每一个可能性的优点和缺点，都需要由孩子来思考并做出决定。家长只能从旁提供参考性的意见。

我的生日聚会：第三张计划表

事项	主题	想邀请这位同学的原因？因为我喜欢他哪些地方？	
三	我想邀请哪些同学？	1.	1. 2. 3.
		2.	1. 2. 3.
		3.	1. 2. 3.
		……	1. 2. 3.
结论			

备注：

这是整个训练计划中最重要的一张表格。必须要求孩子写出"想邀请这位同学的原因？因为我喜欢他/她哪些地方？"的3个理由，因为这个训练的最主要目的，就是让家长真正地了解孩子在人际关系上的困难之处。所以他/她对择友的价值观（例如：学习好，体育好，得到老师的喜欢，个子高，长得漂亮等),以及容易受到哪些特质的吸引(例如,很友善,会借上课笔记给他/她,愿意帮助别人,很勇敢等),都代表了他们所向往的东西,同时,也很有可能是他们自认为缺乏的东西,所以家长在日后就能从这些方面来培养、纠正和帮助他/她认识自己的潜能。

我的生日聚会:第四张计划表

事项	主题	邀请方式	如何执行
四	我该怎么邀请他们?	1.在教室里直接口头邀请	1.什么时候告诉他们? 2.我该怎么说?
		2.写邀请卡,然后交给他们	1.该写些什么内容? 2.什么时候交给他们?
		3.放学时,妈妈陪我一起邀请他们	1.什么时候? 2.妈妈愿意吗?该怎么配合我?
		4.妈妈帮我的忙,跟同学们的妈妈提出邀请	1.什么时候? 2.妈妈愿意吗?该怎么配合我?
		……	
结论			

备注：

对本来就不会交朋友的孩子来说，让他们在学校独自去邀请同学，可能会是一件非常困难的事。所以爸爸妈妈虽然心理预期了第一个和第二个选项，但需要理解，对孩子来说，这不是第一次举办聚会就能做到的事。所以我的建议是，先引导孩子自己绘制卡片或和家长一起去购买卡片，由他们自己构思和书写文字内容，然后在家长的陪同或协助下，送出卡片。请记住，我们的温柔理解和坚定支持，是整个训练成功的关键。

我的生日聚会：第五张计划表

事项	当天的活动内容	需要事先准备好的东西	由谁来负责准备
五	1.		
	2.		
	3.		
	4.		
	……		
结论			

备注：

在现实条件允许的情况下，请孩子的家长都能参与进来。例如：妈妈（奶奶或姥姥）负责订蛋糕；爸爸（爷爷或姥爷）负责给气球充气；等等。有一句西方的谚语说：养一个孩子需要全村的力量（It takes a village to raise a child），这句谚语并不是说整个村子的人都要来给孩子喂奶、洗澡，而是说，孩子在成长的过程中，需要有一个坚强的"支持系统"。

曾经，在农业社会时，这个支持系统很庞大，有七大姑、八大姨的参与，孩子知道磕伤了能去找谁，肚子饿了能去哪儿蹭饭……这个支持系统是他的安全圈，也是他勇敢闯荡世界的资本。但是到了现代社会的今天，支持系统的体量变小了，所产生的能量自然也相对弱了一些，所以在大环境已然发生本质变化的今天，我们更是要让尺寸变小的支持系统运作良好，发挥它应有的支撑和保护功能。

另外，对于当天的活动内容，家长必须从旁引导（建议）孩子设计几个同学们能一起玩的团体游戏，例如：三人一组比赛"叠叠高抽抽乐"益智积木；分成两队比赛"你演我猜"；两队排排站比赛"传声筒"游戏；等等，总之，不能让小朋友散漫地自由活动；一起坐在电视前看动画片；

或自行配对玩拼图,否则害羞的孩子又会回到作壁上观的状态,那就达不到让他学会参与和掌控情势的目的。

我的生日聚会:第六张检讨表

事项	需要检讨的主题	我做得很好的部分	下次我可以再进步的地方
六	1. 2. 3. 4.		
结论	我的开心指数为:(1~10选一个)		

备注:

请留意,这张检讨表是孩子的"自检表",而不是家长的"责问表"。请遵守"鼓励大于苛责,享受大于检讨"的原则,让孩子自己去完成它。

最后,我们都知道,计划一个大型活动需要很长的时间和考虑很多的因素,所以,请家长尽量有耐心和给出足够的时间来陪伴孩子并参与讨论。这些表格不需要在一个下午或一天之内完成，可以把它当作一个有趣的、连续的亲子互动内容。请牢记，今天我们所付出的时间和精力，不仅能为孩子规避掉当下可能存在的危险，还能为他的将来储备更多的能力和资源。

(2) 第二步，让孩子学习掌控聚会局势

这一个提醒其实是对妈妈说的。我自己也是位母亲，我非常明白让我们在一旁看着一群毛孩子，疯得差点把可乐打翻在沙发上、小手沾着蛋糕的奶油糖霜把茶几弄得黏糊糊的、地板上到处都散落着随时能把人踩着滑倒的蜡笔……面对一团糟的状况而让我们不出手干预，是多么需要克制力和定力的一件事。

但是，再怎么困难，我们也得说服自己，这是训练孩子学会独立和掌控局面的一个重要步骤，也是生来就谨小慎微的孩子最需要拥有的自信心和能力。我们如果在旁边不断地提醒、阻止，或哪怕只是默默地在一旁跟着擦桌子、收拾地面，都会让孩子意识到背后拴着的那一根绳子，这根绳子是一个无形的牵制，是在他每一次想探出头、伸出脚勇敢地探索时，父母因生怕他跌倒而

把他给拽回来的力量。这个力量美其名为保护，实则是一种不信任的制约。

所以，如果我们真的怕这群毛孩子把家里弄得天翻地覆，就可以试着诱导他们选择到外面去举办活动，找一个宽敞、不会太打扰到别人但又不需要事后费力打扫的场所，放手让孩子们尽情地玩，我们只要在一旁注意他们的安全，聚会结束时负责把他们交到各自家长的手上，或负责安全地送回家就行了。

如果在孩子们游戏的过程中，家长发现自己的孩子又是习惯性地独自坐在旁边观看，这时，我们千万不要走过去，鼓励甚至催促他说："你去跟小朋友一起玩啊！"也不要拉着某位小朋友说："你们跟他一起玩啊！"或"你们要带着他一起啊！"我们要很技巧地用"大家来吃蛋糕咯！""哇！看看这是什么？"等等，来中断他总是坐在一旁的惯性行为，并且很自然地把他拉回到人群的中心。几次之后，这个内向孤独但并不开心的惯性行为强度就会慢慢地被弱化，也才有机会让和小朋友一起相处所感受到的快乐来取代它。

我知道，这个训练看起来容易，实际却有可能需要几次或几十次的反复练习。但是只要我们相信，每一次看似成效不大的练习，都是我们努力在正确路径上所铺设的一块地砖，而且这些美丽的地砖一定会慢慢地、悄悄地自行复制，最后在不经意间，孩子就已经长成自信、快乐的样子了！

当然，爸爸妈妈虽然不插手和干预孩子们的互动，但并不表示完全没有事做。我们一定要借着一些机会，例如端果汁、点心、吃饭、帮忙拿出游戏道具给孩子们等时候，甚至是需要大人也参与游戏的时候，在一旁仔细但安静地观察孩子在和同龄玩伴互动时所表现出来的行为模式：是容易退让不敢争取？是对自己没有信心所以很快地放弃？是一遇到挫折就马上被激怒？是一直在试图讨好别人？还是总喜欢带头要求别人都听他的？……

这些观察，和我们从日常生活中孩子和家里的大人所得到的相处经验很可能是不一样的。在我的治疗室里，常听到家长跟我说：他平常在家里很爱说话、很活泼开朗啊！怎么到了学校就完全变了一个样子了呀！是不是故意作对，不想上学呢？

事实上，根据来自全球教育研究机构的统计数据，很多在学校因为交不到朋友，落单而被霸凌的孩子，都会共同地表现出一个特征，那就是他们和大人相处比和同龄人相处更愉快、自在，因为和大人之间没有因竞争关系而带来的压力，和因压力而随之而来的沮丧挫折。所以，我们不能仅以孩子在家中的表现就断定他在同辈团体中没有人际相处的困难。所以，当我们从观察中发现孩子实际的人际困难的原因后，就能规划具体的方案来帮助他。

从孩子需要"被修正"的人际交往模式中制定训练的方案

首先我们来看看一般情况下孩子不会交朋友是因为哪些原因，或是因为缺乏哪些技巧所造成的，然后我们再从这几个方面来训练。

在进入这个主题之前，我要请家长们清楚地认识一件事，那就是对没有沟通障碍的人来说是轻而易举的事，但对有需要帮助的孩子来说却是眼前需要费力攀爬的高山。所以，我们一定要有耐心和付出理解之后的温暖宽容，不要以为是孩子不够努力或故意逆反而责怪他。

我自己其实就是一个性格非常内向、害羞的孩子。上小学和初中时，因为学习好，又在民风淳朴的小镇上读书，所以内向的缺点还不太明显。等我以全校第一名的成绩毕业，从小镇考到台湾高雄最顶尖的女子高中后，我内向害羞，甚至自卑的性格缺陷就开始表露无遗。我总觉得那些在大城市里长大的同学又聪明又时尚，她们大部分来自高雄这个大城市里几所有名的初中，所以本来就有下课后可以一起聊天的好朋友，至于我，不但和她们比起来又土又笨，班上也没有可以做伴的熟悉同学。

于是，本来就有社交障碍的我，整个高中三年过得十分孤独，非常不快乐。因此我一头栽进古典文学里，整天为赋新词强说愁，不但"苦大仇深"地讨厌所有的人，也几乎荒废了学业，虽然最后凭着还算过硬的基础考上了大学，但距离我应该表现出的实力已相去甚远。

上了大学之后，我发现自己拥有一个一般人无法企及的长项,那就是清晰的逻辑思维和语言表达能力。我鼓起勇气加入了学校的辩论社,在我擅长的领域里崭露头角。大学二年级时,我开始代表学校辗转征战各大学的辩论论坛,并连续三年获得全台湾大学杯个人辩论比赛冠军、团体辩论比赛冠军和即席演讲比赛冠军。

离开学校以后,我的社交恐惧症还是没有改变,我发现自己可以挥洒自如地面对几百人、几千人演讲;可以看着摄像机镜头侃侃而谈,丝毫不打磕巴。但我却怕极了社交,怕极了和半熟不熟的人聚在一起聊天交谈,我总是找理由拒绝参加各种各样的酒会,就算是不得不参加,也会在一进门时先找到一个可以依靠的人,然后整个晚上像跟屁虫一样黏着人家不放。所以很多第一次见到我的人都以为我冷漠高傲有距离感,其实他们不知道那是因为我内心深处害怕被人拒绝、害怕惹人讨厌、害怕在人群中手脚不知道往哪儿放的尴尬。

说一个真实的笑话。有一次,我的一位学生苦苦央求我同意和她的老板一起吃一顿饭,因为她们公司的营业项目正好是我很熟悉的专业领域。我拗不过她的纠缠去吃了饭,结果第二天她笑得快岔了气地跟我转述:金老师,昨天晚上饭后,我老板跟我说,你们老师好像很喜欢吃饭哈!原来是因为恐惧社交的我,谈完正事后在"吓人"的饭桌上,既不会应付别人的敬酒,也不会说些适当的场面话,所以就只好安静地埋头吃饭了!

因此,对孩子不懂得、也不敢主动交朋友的心情深有感触的我,诚恳地希望爸爸妈妈们能用最大的耐心和源自爱的温暖宽容,温柔地牵着孩子的手,带领他一步一步地往前走。

掌握人际沟通的技巧

在人群中,不知道该怎么开口说话,也控制不住自己的声调,说话时低着头,不敢看对方的眼睛,感到手足无措的焦虑,又觉得自己很笨,所以最后干脆就不加入聊天,只是在一旁角落里观察,或是很没有自信地唯唯诺诺,用力点头附和别人所说的话。

通常,有沟通问题的孩子,有的是因为脑子想的速度比嘴上说话的速度快,所以有语言跳来跳去"片段化"的现象,旁人听起来好像没有逻辑性,也前言不搭后语,因此常被家长和老师纠正"怎么不好好说话!",

受挫几次之后，他/她就没有信心再在人前说话了。

有这种思维和语言现象的孩子，一方面可能确实是有精神状态的原因，例如，情绪一直维持在亢奋的高峰，在临床心理学上称之为"飞扬的思绪"，是需要请专家诊治的问题；但大多数的孩子可能只是语言发展的速度比同龄孩子慢一些，再加上确实脑子里的点子多，思维速度快，所以语言跳跃的情况明显，这种现象长大之后就会慢慢地消失，甚至会成为他的优势，所以家长不用太担心。

如果孩子并没有上述语言发展的问题，只是单纯地因为内向害羞和缺乏技巧，家长就可以循序渐进地帮助他。

第一步：如何加入谈话

一对一的谈话相对容易，但超过三个人以上的谈话就需要更多的技巧，因为团体里的每个人都有自己的人格特质、说话风格、这个临时群体的特征，以及这次的谈话主题需要考虑，因此它需要拥有的技巧包含了：

- 阅读肢体语言，知道什么时候适合加入谈话。
- 知道用什么问句或语句来加入谈话。
- 理解别人的声调，知道是否别人愿意我的加入。
- 知道正在谈话的内容并专注在这个主题上。

为什么对孩子来说要做到上述几件事是困难的呢？

- 因为不懂得识别非语言的肢体语言线索，不知道这是私人的聊天或是个开放的聊天。
- 因为不知道什么时候可以加入正在聊天的阵容里。
- 因为不知道在那个当下别人是不是愿意或喜欢自己的参与。
- 因为错误地理解了正在进行的聊天节奏，是准备结束了或只是暂时的自然停顿。
- 因为没有足够的资讯来加入话题，例如，没看过那部电影，没玩过那个手游。

家长该怎么帮助他们呢？

- 因为不懂得阅读别人的肢体语言，不知道这是个私人的聊天或是个开放的聊天。
- 可以利用录像带、电视剧或在商场里看见的真实情景，指出当一群人故意对其他人转开身子、面向墙角、低头侧耳、音量变小……意味着私人谈话的肢体语言意义，以及开放的站姿、坐姿、向四处张望等"欢迎加入"的肢体语言意义。
- 因为不知道什么时候可以加入正在聊天的阵营里，或错误地理解了聊天的节奏。
- 利用和亲戚、朋友、同事的聚会场合，示范如何等待别人正在聊天的停顿时刻，用适当而礼貌的问句加入聊天，例如：我方便加入你们吗？或是，我有没有打扰你们的谈话？然后教导孩子要先仔细地听听别人谈话的内容，跟上进度后再开口说和主题相关的话。
- 因为没有足够的资讯来加入话题，例如，没看过那部电影，没玩过那个手游。

这是我面对忧心忡忡、但又管教严格的家长时比较困难的部分。我一直试图让家长们理解，对成长中的孩子来说，在同辈团体中的"归属感"是非常非常重要的心理需求。有了"我属于这个团体""我被团体接纳""我是团体的成员之一"的归属感之后，孩子才能发展出更高级的心理情绪，例如自尊、成就动机、负责任等。

那么，孩子的归属感可以从哪里得到呢？除了我们一直说的社交技巧之外，他还必须和同辈团体说"相同的语言"。这个相同的语言，并不是表示说大家都听得懂的普通话，而是大家都能心领神会的语义内容。例如，对成年人来说，我们都明白从手机上读到的那些正热门的网络语言的意思，不需要别人解释就能立刻引用并加入讨论，这让我们和同事、朋友甚至青少年之间没有距离和代沟，也是我们能跟得上集体思维的方法。

这对孩子来说不也是一样吗？我们不能为了专心学习，而禁止他们完全不玩手机，完全不上网，完全不参与任何和学习无关的活动。事实上，这些家长们认为和学习无关、纯粹浪费时间、绝对分散注意力的玩物丧志，却恰恰是孩子和同龄人之间的重要谈资，也是他/她成为团体成员的纽带之一。我们可以和孩子一起坐下来，民主地讨论制订孩子玩手机和上网的合理规定，让他在符合实际情况的时间里,不再偷偷摸摸地上网。(您知道偷偷摸摸地上网和刷手机是多么地让人兴奋、刺激和容易上瘾吗?!)

第二步:如何主动地开始一段谈话

时机和内容是最难的部分。技巧包括:

• 从学会寒暄开始,选择适当的话题,同时用合适的语句来开启对话。

教孩子一些常用的寒暄方式,例如:早安!你好!昨天晚上我写老师布置的家庭作业到好晚才睡觉,你呢?家长可以在家里根据孩子每天上学、下课、放学回家的各种实际情境,和孩子一起整理出几个适合主动寒暄的句子,然后在家对着家人先多练习几次。

• 在开启一段谈话之前,也需要了解别人此刻是不是有空和有意愿聊天,同时从非语言的线索中,例如脸部表情是微笑的还是冷漠的;身体是面向自己的还是侧着身表示想尽快离开;眼神是看着自己的还是左右张望心不在焉;想继续谈话还是很想离开;等等,借此识别出此时此刻别人对这个话题的兴趣。

以上两点都需要在家反复地练习,可以利用角色扮演的方式,或是从轻松的游戏中培养孩子识别非语言线索的能力。在我的心理治疗室里,我很喜欢建议家长用"你演我猜"的游戏来训练孩子如何察言观色,家长可以准备好各种情境下的脸部表情和肢体语言,让孩子猜猜它们分别代表了什么成语,例如,"眉开眼笑""心满意足""自得其乐""无忧无虑""迫不及待""意兴阑珊""闷闷不乐""心慌意乱""畏首畏尾"等。

玩"你演我猜"的游戏时,可以请爷爷奶奶、姥姥姥爷、或堂表兄弟姐妹尽可能地加入进来,大家,包含他自己,轮流担任"演"和"猜"的角色,然后从前仰后合的大笑中,让孩子体会丰富的情绪反应,并学会辨识细微的非语言线索。

- 一旦孩子加入了同学们的聊天后,也需要教导他学会如何继续待在这个聊天的阵营中。他需要学会礼貌地等待别人说完话后自己再说,学会不粗鲁地打断别人的说话,学会别人说话时专注地看着别人,学会用"哇!好棒!""真的呀!""我也想试试看"等回馈性的语句来表示自己的兴趣。

• 学会人际相处的规范和礼仪。缺乏朋友的孩子有可能是因为在人群中做出一些让别人讨厌的行为来,例如,缺乏情绪的自控能力。大部分的孩子进入小学三四年级以后,就已经发展出比较高级的社会能力,懂得把自己当下的情绪隐藏起来或控制住。但是缺乏情绪自控能力和社会化训练的孩子,在学校遇到困难或挫折时,可能还是会用哭、摔书本、踢椅子来表达情绪,所以遭到了同学们的嘲笑、戏弄或排斥。

• 缺乏人际相处的礼貌会让人不愿意和他相处。例如,粗鲁地打断别人的谈话,自己想说什么就说什么,当众擤鼻涕或咳嗽时不懂得转身遮掩,喝汤的声音太大,饭后大声打嗝,等等,这些行为都需要家长的教育。

第三步：不要一直盯着他们的问题，或不断地检查他们的进步情况

不要才踏出校门就拉着孩子的手，急着问："今天是不是又自己一个人吃饭啊？""下课的时候是不是又自己一个人留在教室里啊？""今天跟同学说话了吗？""今天有没有同学欺负你？"这些问句虽然是家长的关心，但却都带着"我就知道！""你怎么又这样了！"的暗示、谴责和标签，传递了我们对他失去信心，以及认为他一定做不好的失望。

我们当然需要了解孩子在学校的真实情况，也需要知道正在进行的练习是不是达到了成效，但我们不要用紧迫盯人和质疑的口气来刺探。我们可以用一些开放性的问句来了解，例如："今天上学开心吗？""今天下课和同学玩什么啦？""今天学校有没有什么好玩的事啊？"如果他/她的回答是嘟着嘴说：不开心！！！我们不能马上带着情绪说："怎么又不开心了呢？！"我们可以问："哪些事情让你不开心了呀？跟妈妈说说。"

对于还没有发展出完整的情绪自控能力的孩子来说，哪怕是已经进入青少年期的小大人，在建立社会化的适应能力上，都一定会有进进退退、来来回回的过程。因此家长在遇到挫折时，只要记住我们是孩子最重要、也是唯一的情绪支柱，就能够调整好情绪，再次充满勇气地面对这确实不容易的挑战。

第四步：发挥家长的榜样力量

所有儿童发展心理学专家都强调，孩子的沟通能力绝大部分来自对父母的模仿。我们怎么和别人沟通，包含家人长辈、朋友同事、街坊邻居甚至超市的结账人员或餐厅的服务员，孩子都有意识或无意识地在一旁观察，同时也会出于崇拜的心理而刻意地模仿或耳濡目染地被潜移默化，最后就渐渐地长成了父母的样子。例如，一个成功生意人的孩子从小跟在爸妈身边，看着爸妈怎么圆熟地待人接物，怎么成功地达成交易，怎么冷静而大胆地做出投资的决策，等到他长大以后，能干的生意人基因就好像是他的呼吸一样，浑然天成。

所以，总是和邻里为了一点芝麻蒜皮的小事就吵吵嚷嚷的家长，或和和气气地与人为善的家长，当然也就会培养出同样的处世态度的孩子来。因此，父母每一次人际交往的时刻，都提供了孩子观察和学习的机会，让孩子看见我们怎么礼貌地加入谈话，怎么彼此尊重地沟通协商，怎么勇敢地直面挑战，以及怎么有技巧地解决问题。

改变负面和消极的固定思维模式

这是比缺乏社交技巧更让人伤脑筋的事，也是家长必须努力去改变的思维习惯。固定的消极思维模式不仅会影响孩子交朋友的意愿和能力，也会影响他长大以后遇到任何困难和挑战时的选择与决策方向。

我在一本美国的专业心理学期刊上读到一篇文章，作者是在圣地亚哥执业的精神科医师彼得·贾雷特。他在文章里说，从前，只要父母带着害羞、内向的孩子来看诊时，他都会告诉忧心的父母们不用担心，因为孩子在成长的过程中难免会有害羞内向的阶段，长大之后，症状就会慢慢地消失。

但是现在，他却不会再这么快就下此结论，也不会再这么轻易就打发走孩子的父母了！因为在临床上他发现，小时候内向害羞的孩子长大以后，有 1/3 左右仍然会持续表现出相同的性格。

而根据另一位知名的、专门研究焦虑症儿童的心理学家斯坦因的观察，也证实了这个结论。他说，有社交恐惧症的人，除了会表现出特定的情绪反应，例如，不敢在众人前说话；对自己极度不自信；变得越来越孤独；错失很多机会之外，还有可能会伴随一些生理的症状，如无缘无故的心跳加速，呼吸短促，脸红发热等。

另一位知名的流行病学专家罗纳德·凯斯勒（美国哈佛医学院精神流行病学家）的长期观察研究则发现，这些小时候没有被处理的内向性格，长大后也有可能会变成严重的抑郁症、焦虑症、破坏狂甚至遇到挫折时有自杀倾向。

读到这里，我相信很多家长已经开始心跳加速，担心自己颇为内向害羞的孩子是不是已经前途渺茫了！不用担心，可喜的是，社交恐惧症是最容易被改善的问题，只要我们尽早发现，在青春期之前就给予引导和调治，一般来说，预后是很乐观的。

除了对症状已经非常严重的孩子给予药物治疗之外（有48%左右症状严重的孩子在接受精神科药物的轻微

治疗之后，立刻就有显著的改善），"认知行为治疗"是心理治疗师们最常用的方法。

认知行为治疗是由A.T.贝克（美国精神病学家、临床心理学家，认知行为治疗的创始人）在20世纪60年代发展出的一种有结构、短程、认知取向的心理治疗方法，主要是针对因不合理的认知而导致的心理问题。它的主要着眼点是放在认识并改变个人某些不合理的认知问题上，通过改变对自己、对他人或对事情的看法与态度，来改善固有的心理和情绪问题。

一个人在不同的情境下产生不同的情绪反应是很正常的。为了更加了解我们会在什么情况下产生消极的和导致适应不良的情绪，我们就必须先了解这些负面情绪出现时的情境和脉络。此外，因为"事件—想法—后果（情绪反应和行为表现）"三者之间往往会互相影响，所以帮助孩子学会辨识及区分"事件—想法—后果（情绪反应和行为表现）"的关系，会是非常有帮助的。因此，父母也可以运用认知行为治疗来帮助自己内向、害羞的孩子。

首先，要先找出他的消极思维模式。例如，内向的孩子会这么想："如果我说错话了，大家都会笑话我!""只要我一出现,就会变成笑柄!""我很丑,所以别人一定会不喜欢我!""我很笨拙,所以别人一定不希望我参加球队,免得拖人后腿!"

我们可以在孩子发生某些不愉快的情绪或负面的行为后,例如,和从外地来玩的表哥发生扭打争执,气愤地告诉妈妈好讨厌班上的哪个同学,哭着说自己又胖又难看时,带着他一起填写下面这张几乎所有的心理治疗师和行为治疗师都推荐的认知行为治疗问卷:

认知行为治疗卡

我的负面想法是:	
我能证明这个负面想法是真的吗?	
我的这个负面想法很极端?固执?有弹性?还是符合事实?	
我的这个负面想法能带给我健康的感受和行为吗?	
如果我持续有这样的想法,我会有什么样的情绪和采取什么样的行动?	

续表

我的负面想法是:	
我会鼓励我的兄弟姐妹或堂、表兄弟姐妹像我一样有这种想法吗?	
有哪些证据能证明我的这种想法是错的?	
我的哪些想法是错误的和需要改变的,好让我更快乐和表现得更好?	
如果我的想法更积极和正确,对我有什么好处?	
我的新的、健康的想法应该是?	

和前面的几张表格一样,这份认知行为表不需要当下就立刻写完。如果孩子已经上小学高年级了,我们可以在他情绪平复后,请他在自己的房间里安静地填写,告诉他不用着急,甚至可以选择不给我们看上面写了什么,不过如果需要,爸妈就在家里,随时可以来找我们讨论。

如果孩子还小,还不懂得每一个问题的意义,我们就可以陪着他，解释每一个问题的意思，再一起讨论他对每一个问题的答案。

建议家长们把这张表格多打印出几份，在孩子有任何过不去的情绪发生时都可以填写，而且已经填写过的表格不要丢掉，把它们当作个人的成长记录，随时可以拿出来看看自己的成长和改变，或者还有没有需要继续改变思考方向的部分。

填写这份表格的目的在于"塑造孩子的思维习惯"。习惯就是习以为常的思维模式或行为反应，是一种稳定的自动化对应机制，是经过反复练习而养成的语言、行为、思维等生活方式，是人们头脑中建立起来的一系列条件反射。行为主义心理学认为，一种动作和行为重复21天就会初步成为习惯，重复90天就可能形成稳定的习惯（英国伦敦大学的研究发现，养成一个运动和饮食习惯，一般需要66天）。另外，研究发现，不同的行为习惯形成的时间也不相同，总之，坚持的时间越长久，习惯养成的程度就越牢固。

习惯培养是一个由被动、到主动、再到自动的过程。其中，被动阶段的心理特征是"遵从"，主动阶段的心理特征是"认同",自动阶段的心理特征则是"内化"。在这个过程中,可以看见由右脑延伸至左脑再至全脑的3个阶段,而一种习惯的培养大致要经历以下几个步骤:

- 认识某个习惯的重要性,提出目标,激发孩子的内在动机;
- 确立具体的思维或行为规范,把习惯内容具体化为日常行为;
- 尊重孩子的偶像与榜样,使他成为孩子习惯养成的精神激励力量;
- 持之以恒地训练,以达到强化和固化;
- 对思维或行为进行评估和引导,赞赏良好的结果,改进不健康的结果。

培养孩子拥有强健的体能、灵活的反应以及肢体动作

这个目的并不是鼓励孩子好勇斗狠,也不是鼓励孩

子对其他孩子一言不合就拳脚相向。我们希望孩子拥有的是一技傍身的勇气、敢直面暴力的自信、可以闪躲危险的灵敏反应以及灵活的肢体动作。因为这些能力都能帮助他拥有不成为霸凌对象的自信昂然气度，同时也能在面对可能发生的威胁、甚至危险之前，灵活而成功地避开它。

一位同学的话让我思考了很久。他说，我其实曾经也被欺负过，只是因为我跑得快，有一次还跟带头的同学在走廊上打了起来，虽然那天被老师和家长臭骂了一顿，但是之后他们就懒得花力气再来找我麻烦了！

那天回家我跟先生和正好休年假回国的儿子请教了这件事，他俩都不约而同地告诉我，这是他们都曾经经历过的事。儿子说，我们在学校遇到想找麻烦的同学时，如果躲不过，就只好约了到操场上去"单挑"！看见我受到了惊吓的样子，他说：别担心！这是很正常的，我们又不是像黑社会那样拿着家伙拼命，只是有时候你必须让别人知道你有能力和有勇气来捍卫你自己！

我继续好奇地追问，那如果你打输了呢？他说，其实对青少年来说输赢并不重要，重要的是你要让别人知道你有 Guts！（胆量），所以才不敢来欺负你！而且，我们也不是傻瓜，看见势头不对，还是会拔腿就往人群里跑的。

能强健体魄和心智的运动不一定局限在拳击、柔道、跆拳道或剑术，许多运动，例如打篮球、踢足球、羽毛球、轮滑、游泳等，也都是能让孩子感受"力量之美"，以及运用心智和肌肉力量的方法。给孩子选择运动项目时我们应考虑以下几点：

孩子是否有兴趣和能力，是最重要的考量因素

选择某项运动或体育技能时，首先需要考虑孩子本身的兴趣。孩子对某一项运动有没有兴趣牵涉到他的能力（其实对我们成年人来说不也是一样？！）。有些运动需要有很好的肢体弹性，有些运动需要瞬间的爆发力，有些运动需要成熟的专注和协调能力，有些运动需要运动员的良好身体条件……孩子不可能学什么对先天的体能要求上都游刃有余，如果学了他根本跟不上的运动，反而会凸显了他能力上的不足，更打击了他的信心。

所以我们在选择给孩子，尤其是内向害羞或瘦弱个

小的孩子报名哪些运动课程时，一定要先做好事前的调研和准备工作。例如，可以实际去球场看一场比赛，让孩子看见球场上运动员所展现的力量，同时体会体育活动所带来的兴奋刺激和活力。据我所知，很多孩子都是因为崇拜心目中的体育明星才会喜欢上那项运动。另外，先报名一两堂可以体验的课程，让孩子在没有竞争压力下，先感受一下这个运动是不是自己所喜欢的和自身能力掌握得了的。

　　我儿子小时候虽然长得人高马大，却可惜遗传了我弹跳能力不好的缺点（我中学的体育老师用"像大象一样"来评价我的跳高、跳远成绩。事实上，我们只是非自愿地因为有足弓弧度不够理想的原因！）。小学四年级时，他热爱看篮球比赛，也想象自己是百步穿杨的投篮高手，周末假日，他总是抱着篮球在住家小区的篮球场练习投篮，但却招来很多大哥哥们的嘲笑，因为个头和大哥哥们差不多高的他，却总是因为弹性不好，投篮时连篮筐都碰不到。

　　儿子的爸爸见他每次都垂头丧气地从外面回来，就开始在周末的清晨陪着他一起去球场练习投篮，但几次之后，他爸爸悄悄地跟我说，儿子的体能条件确实不适合打篮球。于是他改变策略，开始带着儿子一起看足球比赛的电视转播，买票去现场看足球比赛，同时也鼓励儿子跟着教练学习踢球。

后来儿子到英国读初中，也开始像所有的英国学生一样对英超非常痴迷，甚至高中最后那一年还当上了校足球队的队长。结果我们在收到学校体育老师的学期报告时，发现了一个让我们又好笑、又骄傲但也非常感恩的真相。老师在报告中写道：Kevin是一个非常有领导能力，非常有热情，但运动技巧不足的球员！

先生和我读着报告，一面大笑，一面想象我们那自信满满、自我感觉良好的儿子，在每一场比赛中热情地带领、鼓励着球队，可是却在开赛后坐在球员休息区冷板凳上的样子。但我们没有失望，只觉得满心欢喜，欢喜他懂得悦纳自己的不足并尽力发挥自己的长处。我们也充满了感激，感谢有教无类的体育老师，没有用"大象"来限制他的热情，并发掘他可以自信地绽放光芒的能力。

给孩子足够的暖身时间，建立自信

可以从一对一的个人教练开始先上几节课，或陪着孩子在每次上课前比其他小朋友早一点到体育场练习，让他在没有同伴压力的情况下先熟练一下这项运动的技巧，并感受如何运用身体和肌肉的力量。

这一点是有不擅长灵活运用肢体力量的孩子的家长们必须付出理解和时间、精力去做的事。因为任何运动所需要的肢体灵活度和爆发力对其他正在发育的孩子来说，可能是轻而易举的，甚至在某些活泼好动的孩子身上压抑不住的能量，但对内向、安静的孩子来说，却是需要多踩几下油门，多花一些时间热车才能发动得了的潜能。

另外，也可以看看是不是能找到一个孩子平时比较熟悉的同学或同龄亲友，让两个孩子结伴一起去上体育课。请家长们留意，您只需要找到"一位"小朋友，而不是人越多越好。因为只要超过两个人以上，孩子就又有可能无法参与交谈或配对练习而落单，结果就又对运动失去了兴趣和自信。

从需要团队合作的运动开始

最初先不要参加带有强烈竞争性的运动,不管是个人之间或团队之间的竞争。国内外很多研究都显示,孩子如果参加需要团队合作、而不是个人竞争性的运动时,会更好地帮助他们认识并学会合群的相处方法。

有一个对小学四年级学生的调查研究,观察他们在参与竞争性运动和合作性运动时的表现。在团队合作性运动时,即使是那些平常不受欢迎的学生,也会表现出比较少的干扰和不合群的行为,显得比平常更成熟;而那些本来就受到欢迎的孩子,则会对那些不受欢迎的孩子表现出更多的宽容和接纳。

根据这个研究结果,专家们建议家长,在一开始培养孩子的运动兴趣时,要先从具有团队合作性质的运动开始,等到孩子建立了自信和发展出社会化技巧之后,再参与竞争性质的体育运动。

教给孩子正确的应对方式

家长要教导孩子,当感受到霸凌的威胁或实际遭遇霸凌时该怎么做出正确的反应。首先让孩子明白，霸凌者的心理需求是感受自己凌驾于别人之上的力量和能控制别人的权力，以及看见别人受伤时的不正常心理快感。他们通常缺乏自我克制的能力，不懂得同理和同情。所以，在感受到霸凌的威胁时，可以用一些策略来规避它。

我最近才和一个刚满14岁、学习成绩非常优秀，但身体发育比较慢一些的女孩儿深谈过一次。她在学校里总是被那几个高挑丰满的女同学冷嘲热讽，她们不仅在背后说她的坏话，还故意结党结派把她排拒在外。她很苦恼，甚至因此而害怕上学。

听完了她的苦恼之后，我先分析给她听，为什么这些同学会冷嘲热讽地对她，原因是她们嫉妒，因为她们既没有她学习成绩的优秀，也没有像她那样不需要刻意节食就能轻松拥有的苗条身材。她听了之后，突然眼睛一亮，连坐的姿势都突然挺了起来！她说："对呀，对呀，这些同学每天都在讨论怎么减肥，因为她们连呼吸空气都会发胖呢！"

明白了同学可能欺负她的原因之后，我教她今后怎么去应付这些言语和情绪上的暴力。

我说，第一，你听见或感受到她们的恶意时，要装作没有听见和若无其事。因为你越是难过，她们就越是高兴，越高兴，欺负你的动机就越强。第二，你要更主动地去结交几个和你兴趣相似的好朋友，这样可以分散你的孤独和害怕，也可以为你壮壮胆子。第三，你千万不要故意去挑衅她们，或也开始去说她们的坏话，因为这样你们的梁子就会结得更深，之间的误会和龃龉就更没完没了了。

以下几点是家长们可以教导孩子在遇到威胁或霸凌时需要做的正确反应：

• 不要让威胁影响你的情绪。例如，同学当着你的面或背后说你的坏话时，用一些话来鼓励自己，提醒自己不要上他们的当，不要让他们试图打击你、破坏你心情的计谋得逞。

• 冷静并坚定地告诉试图霸凌你的同学："我很生

气,请你不要给我起这个绰号,我有名字,希望你用我的名字来称呼我"或"请你不要对我做这件事,我很不喜欢"。

• 不要用眼泪来强化他们的行为。霸凌者希望伤害我们的情绪和感受,所以才会用给人取恶意的绰号、讥讽嘲笑等方式来伤害人。因此我们不能用眼泪来证明他/她说的是对的,并让他们得逞。例如,当他叫你胖子时,要看着他们的眼睛,坚定地说:"我确实需要多运动,也已经参加了一个运动课程。"然后很自信地走开。

• 用自信的幽默,瓦解并卸下他们的武器。当他们讥讽或威胁我们时,不说话但用微笑回应,并自信地走开。

• 用直觉来做合理的判断。如果他们想借你的作业抄,如果不借就可能会威胁你。这时,可以把作业递给他们,自信地离开,然后立刻告诉家长或老师这件事。

• 不要假设同学们一定会欺负人。当你走向一群同学时,想象他们都是很愿意和自己做朋友的,先友善地跟他们打招呼,并且在同学需要你挺身而出的时候帮助他们,这样他们也才会在你需要的时候,挺身而出帮助你。

以上这些自信的正确反应，家长可以在家里先设计几种可能发生的情境，再通过角色扮演来反复练习几次，帮助孩子能很有自信并熟练、自然地做出反应。可以问问他，现在是不是感觉更有自信了？还是需要过几天爸爸妈妈再陪你练习几次？

练习的内容包括了如何让声音很沉稳，使用什么样的语言内容来回答，怎么让眼神坚定而不惊惶害怕，以及不胆小退缩的肢体语言。

家长得知真相后的处理方式非常重要

我们不希望激化问题，但也不能息事宁人地隐忍下来，所以在得知自己的心肝宝贝被同学霸凌后，该怎么面对问题并妥善有效地处理它，确实是家长需要学习的。

和霸凌者的家长联系

教育专家们建议这是在面对已经升温的暴力霸凌，而且是确知对方家长会采取理性的合作态度时才需要采取的措施。不然的话，可以采取不直接对质的方法，例如发邮件或打电话给对方，说明我们的态度是希望共同来解决问题，而不是质问或纠责。我们可以说："小悦这一个星期每天回家来都很难过，她说是因为媛媛给她起了个很不好听的绰号，还在同学中间排斥她，不让她在操场上和同学们一起玩。我不知道媛媛是不是也跟您说过这件事？但我想我们还是要让她们俩好好地相处。您有没有什么建议呢？"

如果霸凌的事态严重，真的需要双方家长面对面地寻求解决方法，最好的见面地点是直接在放学后到老师或校长的办公室会谈，不要当着孩子们的面发生口角冲突或剧烈的肢体拉扯，那样不但给孩子留下最坏的示范，吓坏并羞辱了孩子，也很可能引发完全没有必要发生的另一个难题。

另外，如果现实情况允许，最好双方父母都到场，或者是由家里的某位成年人陪同出席，既向对方传递了我们的重视态度，夫妻之间或两个成年人之间也能彼此作为情绪的支持和怒气爆发时的缓冲制约。

尽可能和学校紧密合作

我知道，现在的家长们都很忙，不过我还是要这么说，如果我们和学校保持很好的互动关系，经常参与学校的家长会，孩子在学校里也会觉得有父母撑腰，被同学欺负的可能性也会比较小。我在儿子念小学时，一直是家长中比较活跃的人。我的活跃，倒不是捐钱、捐物资或成为家长会长，而是贡献自己的时间和精力。我参与了"志愿者妈妈"计划，每个星期捐出一个下午的时间给一年级的小朋友说故事，并且在说完故事之后，在学校门口前的十字路口指挥下课时的交通，让学生回家的队伍能安全地通过。

几乎每次我在学校做这些事情时，都会碰见儿子的同学，他们都争先恐后地喊我：刘妈妈、刘妈妈。有的还主动告诉我儿子在哪里。有一天，儿子放学回来很骄傲地对我说："我们同学都说你很有气质，所以，嗯，我蛮有面子的！"

所以，如果您的时间允许，就尽量多贡献点时间和精力，参与学校的义务工作；可如果工作真的很忙，确实抽不出固定投入的时间，那就一定要参加学校在周末、假日举办的亲子活动，例如游园会、郊游等。我们家长的参与，不仅可以制造更多和老师沟通的机会，也可以制造更多和孩子同学认识的机会，这样才能真正有效地了解孩子在学校里的真实情况，也才能避免他/她可能受到的欺负。

作者简介
金韵蓉

资深心理学家,婚姻与亲子关系专家,《时尚Cosmo》杂志专栏作家,北京大学光华管理学院EMBA《女性领导人心理学》课程讲师,拥有扎实的心理学学院教育背景以及十余年的临床心理辅导工作经验,曾做婚姻治疗师8年,儿童心理和行为治疗师6年,为多家国际企业举办关于员工"顾客心理学""减压管理""潜能开发"以及"表达技巧"的培训课程。著有《你要的是幸福,还是对错》《先斟满自己的杯子》《幸福女人的芳香生活》等。

图书在版编目（CIP）数据

孩子，你可以更勇敢 / 金韵蓉著. --北京：中国青年出版社，2020.6
ISBN：978-7-5153-6092-8

I. ①孩… II. ①金… III. ①儿童心理学　IV. ①B844.1

中国版本图书馆CIP数据核字（2020）第114882号

孩子，你可以更勇敢

作　　者：金韵蓉
责任编辑：吕　娜

出版发行：中国青年出版社
经　　销：新华书店
印　　刷：三河市万龙印装有限公司
开　　本：787×1092　1/32 开
版　　次：2020年7月北京第1版　2021年1月河北第3次印刷
印　　张：6.5
字　　数：130千字
定　　价：69.00元

中国青年出版社 网址：www.cyp.com.cn
地　　址：北京市东城区东四12条21号
电　　话：010-65050585（编辑部）